種子圖鑑

天上飛、河裡游、偽裝欺敵搞心機……
讓你意想不到的種子變身小劇場

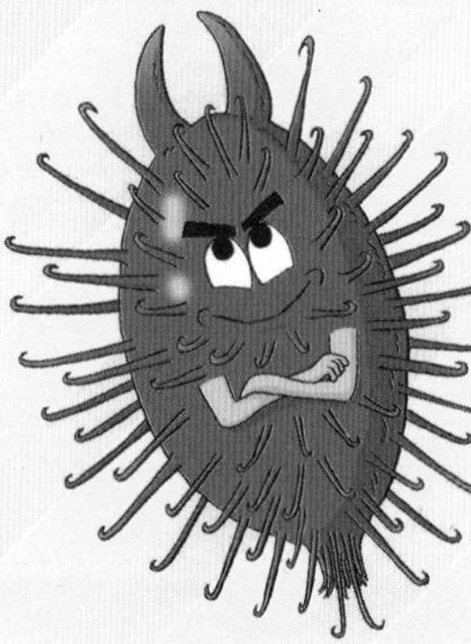

多田多惠子

前言

植物藉由開花產生種子。種子是植物所製造出的終極空間移動裝置，在微小的膠囊裡，塞滿了提供構造設計圖的遺傳訊息，還有為發芽而準備的便當。

不過種子一旦扎根後，就不能再移動。如果種子就落在母株附近，就算發芽後，為了土壤的養分與陽光、水分等資源，也會形成親子及兄弟姐妹之間的競爭。為了散佈到更遠、更廣的範圍，在新的場所培育出新世代，植物們凝聚智慧與巧思，為種子的旅行作準備，將種子散佈出去。

種子們有多樣化的旅行方法。展開閃耀銀色絨毛的降落傘、飄浮在空中的是蒲公英與蘿藦的種子。楓樹或椴樹的種子會轉動精巧的螺旋槳，像直升機般輕盈地在空中飛翔。而且這些種子細看之下，都漂亮得令人訝異。這可不足為奇，因為極致的機能必然蘊含著美感。

也有些種子利用水流和雨滴的力量。或是包藏在鮮豔的外表或可口的果肉底下，偷渡潛入鳥類或獸類的體內，甚至藉由厲害的忍術道具附著在人或動物上，趁機搭便車。最稀奇的是種子也會利用螞蟻或灶馬蟋蟀搬運。

不過，旅行本身也伴隨著風險。能在新天地發芽的只是少數，大部分的種子可能直接腐爛或遭到吞噬，讓生命走向終點。另一方面有部分種子度過寒冬、經過漫長的歲月等待機會。也有些種子展開時間旅行。

這些冒險犯難的種子其實相當多樣化，蘊含生存的智慧。就像每個人都有個性，仔細看，種子也有屬於自己的特性。它們能夠忍耐嚴苛的環境、下功夫利用或欺瞞動物，運用各種手段，成為超越時空的旅遊高手。

在這本書中，將各類會旅遊的種子當成個性鮮明的角色，介紹它們獨特的檔案。它們都是些在我們身邊就能看得到的種子，我儘可能簡明易懂地解說構造及生態，並且穿插科學小專欄。如果能讓各位閱讀時覺得有趣，我將感到無比榮幸。

多田多惠子

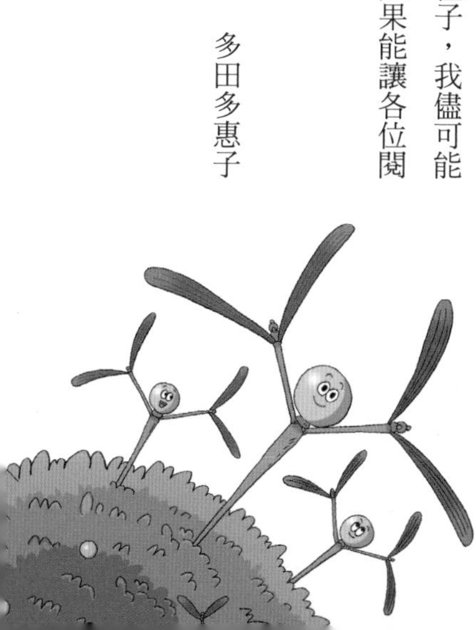

如何參考本書

本書分成十個類別，
共有七十六種角色登場。
各種角色的介紹方式如下：

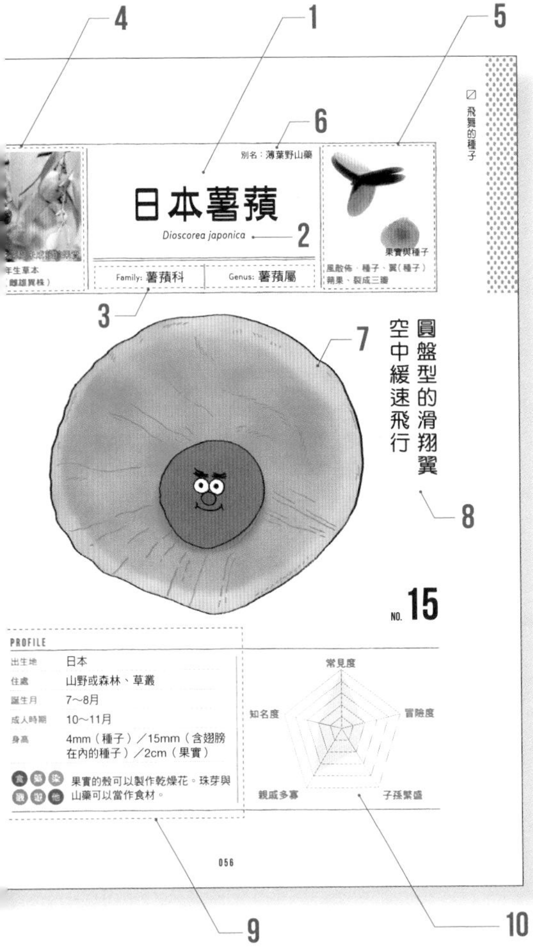

1〔果實與種子的名稱〕
記載果實與種子的名字。

2〔學名〕
學名基本上參考米倉浩司、梶田忠的《BG植物和名—學名索引YList》。

3〔科名・屬名〕
科名・屬名根據DNA核酸序列，以「APG」新分類體系標示。

4〔資訊1〕
以花為中心的觀察照片，並記載植物的生長型態與花的種類。

5〔資訊2〕
以種子為中心的觀察照片，並記載種子散佈的方法與散佈媒介、果實的種類與特徵。

6〔別名〕
只記載一般公認的別名。

7〔主要插圖〕
根據果實與種子在形態、生態上的特徵，化為角色的形象。

8〔文案標題〕
簡短地呈現角色的特徵。

9 〔檔案〕

將角色的特徵整理成資料，記載在這個部分。

※以日本本州地域的資訊為基準，在不同的地點與生長環境，可能會稍有差異。

- 出生地：表示植物的原產地。
- 住處：表示植物的生長環境、容易進行觀察的場所等。
- 誕生月：表示植物開花的大致時期。
- 成人時期：表示種子散佈的大致時期。
- 身高：以果實或種子的大小為主。部分種子包含瘦果、果托等專門的器官。
- 圖示：以果實或種子為中心，介紹植物的利用方式。分為食用、藥用、染料用、觀賞用、遊戲用、其他共六類，符合的項目會顯現顏色。

10 〔參數〕

以五種等級表現角色的特徵。表現各項目的特徵如下：

- 常見度：是否容易找到。
- 知名度：一般人知道的普及程度。
- 親戚多寡：有多少近緣種。
- 子孫繁盛：種子的數量、多產的程度。
- 冒險度：種子散佈的距離。

11 〔解說插圖〕

包括種子的特徵在內，以插圖及簡短的解說介紹類似的植物、如何利用等相關重點。

12 〔本文〕

詳細介紹各種角色。當然包括外表的特徵與生態、名字的由來、傳說等，記述關於果實與種子的趣味插曲。

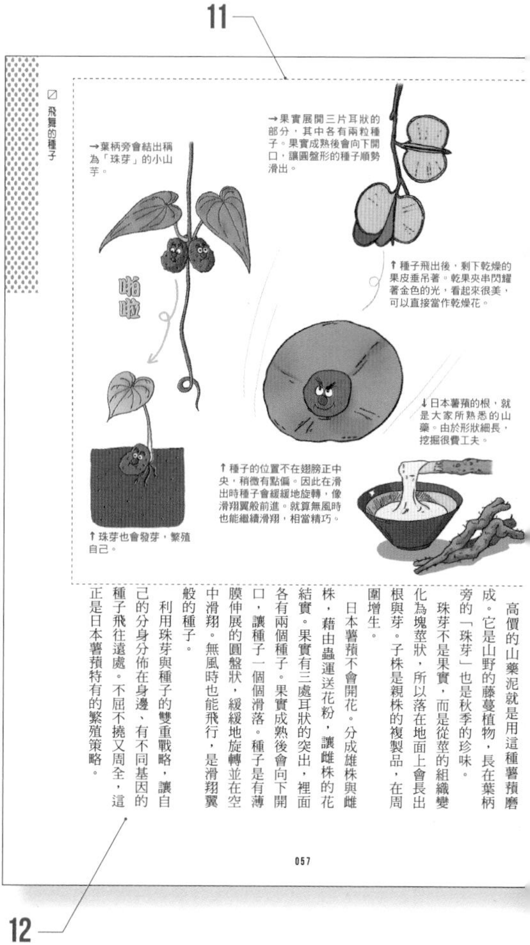

11
飛舞的種子
→葉柄旁會結出稱為「珠芽」的小山芋。
→果實展開三片耳狀的部分，其中各有兩粒種子。果實成熟後會向下開口，讓圓盤形的種子順勢滑出。
啪啦
↑種子飛出後，剩下乾燥的果皮垂吊著。乾果夾串閃耀著金色的光，看起來很美，可以直接當作乾燥花。
↓日本薯蕷的根，就是大家所熟悉的山藥。由於形狀細長，挖掘很費工夫。
↑種子的位置不在翅膀正中央，稍微有點偏。因此在滑出時種子會緩緩地旋轉，像滑翔翼般前進。就算無風時也能繼續滑翔，相當精巧。
↑珠芽也會發芽，繁殖自己。
高價的山藥泥就是用這種薯蕷磨成。它是山野的藤蔓植物，長在葉柄旁的「珠芽」也是秋季的珍味。
珠芽不是果實，而是從莖的組織變化為塊莖狀，所以落在地面上會長出根與芽。子株是親株的複製品，在周圍增生。
日本薯蕷不會開花。分成雄株與雌株，藉由蟲運送花粉，讓雌株的花結實。果實有三處耳狀的突出，裡面各有兩個種子。果實成熟後會向下開口，讓種子一個個滑落。種子是有薄膜伸展的圓盤狀，緩緩地旋轉並在空中滑翔。無風時也能飛行，是滑翔翼般的種子。
利用珠芽與種子的雙重戰略，讓自己的分身分佈在身邊、有不同基因的種子飛往遠處。不屈不撓又周全，這正是日本薯蕷特有的繁殖策略。
057
12

果實與種子的 角色圖鑑 目錄

第四章 耐水的種子

第五章 會彈爆的種子

第六章 會附著的種子

第七章 堅硬的種子

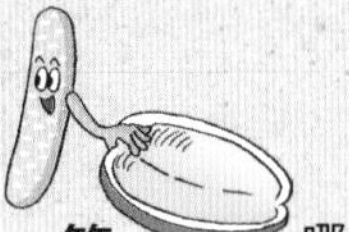

第八章 柔軟的種子

第九章 漂亮的種子

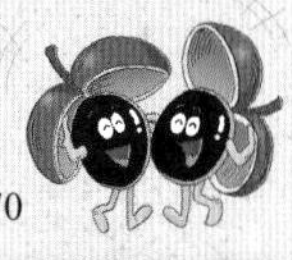

第十章 靠蟲搬運的種子

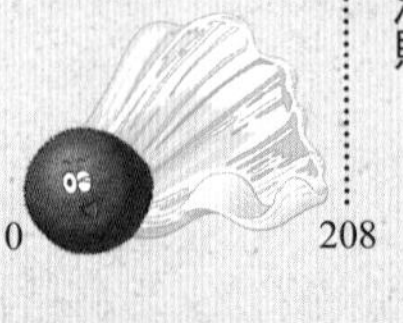

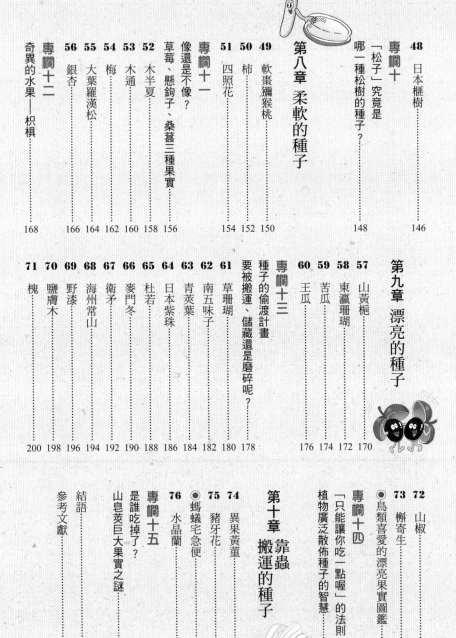

序章

植物為什麼要產生果實與種子？

花朵在授粉、受精後結果，產生種子。雌蕊的子房會形成果實，種子在子房的保護下成熟。過程有各種各樣的變化，最後的成果也有各種樣貌。最後結成的果實與種子將離開親代植物，移動到新的場所，並且熬過不適合生長的季節，將生命延續到未來。

果實與種子的任務

植物不會動，從地面向下扎根、伸展枝葉。新生的植物如果沒有離開原地，就必須跟親代植物與其他兄弟姐妹爭取水、光線與養分。如果關係相近的植物就在附近，容易傳染病蟲害。所以植物會儘可能讓種子遠行。

植物會結種子。種子裡包含構造的設計圖，也就是遺傳訊息（DNA）的密碼。親代植物精心準備便當（儲藏營養），讓種子帶著出遠門。這些養分將提供種子呼吸、長根、發芽時的能量。

經過授粉、受精，種子從親代植物繼承遺傳訊息，但是每顆種子多少有些差異。藉由孕育出性質多樣化的後代，得以適應環境變化、對抗病毒與細菌、真菌等可怕的病原體變異，讓生命延續至未來世代。

種子具有親代植物所缺乏的特殊能力，能安然度過嚴寒與乾燥的環

↑藉助螞蟻力量的異果黃菫。

↓剛萌芽的豬牙花。

境。有時候種子甚至能夠沉睡長達數十年的漫長光陰。所以種子可以展開時間旅行。

除了裸子植物以外，種子周圍由果實包覆。果實的色彩與形狀都各有特色。有紅色的球形果實、像栗子般堅硬的殼、包覆著厚厚的軟木皮、像槭樹的種子般附有翅膀、或是像蒲公英般附有降落傘。而且竟然還有成熟時會爆開，彷彿限時炸彈般的果實。這些全都是為了護送寶貴的種子，為旅行所作的準備。就這樣，種子在果實的幫助下將離開地面，移動到新的大地。

在本書中，將介紹種子們的旅行。隨著植物不同，種子也有各種各樣的色彩與形狀。其實果實與種子的區別相當複雜，有時候看起來像種子，其實是果實。在很多情況下，如果不從開花到結實的發育開始觀察，將難以真正理解。本書為了簡單易懂，一般看起來像籽的就直接稱為「種子」。

↓赤松的嫩芽。

果實或種子的任務，是透過各種各樣的手段展開旅程，延續新的生命。

↑乘船旅行的梧桐。

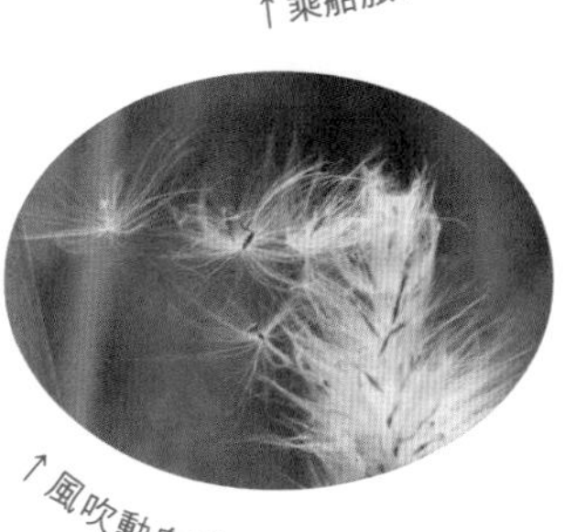

↑風吹動白茅的絨毛。

種子們旅行的方法

無法移動的植物會藉由風、水、動物的力量運送種子。
配合外界，各自下工夫改變果實與種子的形狀、性質，
讓種子更容易傳播。

利用風（風散佈）　植物其實是螺旋槳與滑翔翼的先驅

◎種子附了極細的毛當作降落傘，遇到上升氣流就會高高飛起。像蒲公英或白茅，常見於日照充足的地面或有風吹的草原，種子長得很微小。

◎像白樺或槭樹之類帶有翅膀的種子會緩緩落下，受風吹移動。通常長在高大的樹木上。

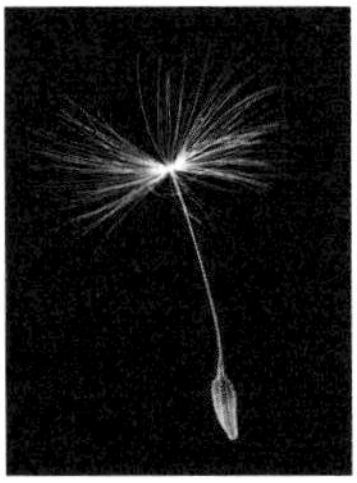
關東蒲公英的降落傘

繞圈圈旋轉的掌葉槭種子

◎儘管沒有冠毛也沒有翅膀，只要長得很小就能隨風飄散。細小的種子多見於風勢強勁的草地，或是長在崖地的草、灌木。種子太小雖然不利於生長，只要選擇明亮的地方落腳，發芽後接受陽光照射就能獨立生長。田裡或路邊的雜草種子如果混入土裡也能移動。必須依賴他人成長的杜鵑花科與蘭科的菌根植物（與菌類共生的植物），以及野菰等寄生植物的種子又更細微，會蓬鬆地飄浮在空氣中。

長莢罌粟

利用水（水散佈）　利用水的方法也很多

◎雨滴的衝擊對於細小的種子來說就像炸彈。「雨滴散佈」是小草採用的方法，像筆龍膽與大花馬齒莧等植物，生長在土壤與青苔多的地面，也多半利用這種方法。

◎有軟木質與氣室的種子會浮在水上漂流，這類種子常見於水邊的植物。隨著海流漂移的椰子或榼藤等，則屬於大型的種子。在水底扎根的蓮藕與菱角，種子會沉入水底。

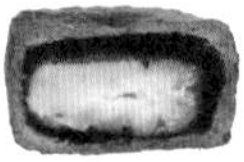
浮在水上的黃菖蒲種子

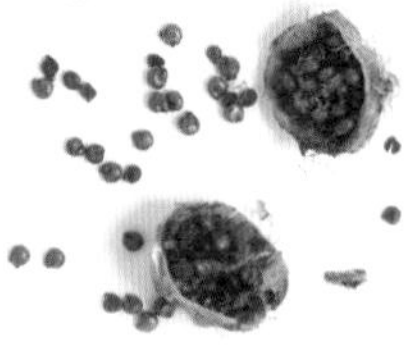
大花馬齒莧的果莢會裂成兩半，再藉由雨滴落下的衝擊散佈種子

自力性移動（主動散佈）　可見於小草或灌木、蔓性植物

紫花地丁

酢漿草

◎利用乾燥時纖維收縮的力量，進行種子傳播，這種現象可見於紫花地丁與牻牛兒苗等植物。

◎利用細胞吸水膨脹的壓力傳播種子，鳳仙花與酢漿草採用這種方法。成熟破裂後，種子就會飛散。

附著在人與動物（附著散佈）

小山螞蝗

大蒼耳

即「會黏著不放」的種子。利用刺針、倒刺、黏液等附著在動物與人身上，搭便車被帶到別處。通常屬於高度不及人與動物的草類，長在樹下、草叢與路邊，顏色並不醒目。

由動物搬運儲存（儲食散佈）

水楢

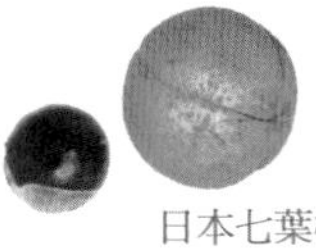

日本七葉樹

像松鼠、老鼠，以及一部分的鳥類，在入冬前會搬運橡實與核桃等堅果埋起來，作為儲存糧食。大部分都會被吃掉，一部分會殘留下來發芽。

山椒

藉由被動物吃掉散佈（被食散佈、果實散佈）

軟棗獼猴桃

鳥類與哺乳類動物（以及少數昆蟲）吃了果實之後，種子不會被消化，直接從糞便中排出。也有些果實帶有苦味、微量毒素、蛋白質分解酵素等。多半屬於森林裡的植物，果實常見於秋季。

◎為了引誘鳥類，果實只有一口大小，以鮮豔的顏色吸引鳥類。

◎如果要引誘貂等哺乳類，果實會以香氣及味道取勝。

由螞蟻搬運（螞蟻散佈）

這是在種子附上食物，由螞蟻搬運的方法。多半是在種子的一端附上含糖與脂肪酸的塊狀物（油質體）引誘螞蟻。常見於紫花地丁或豬牙花等接近地面的小草，尤其在晚春到夏季之間。

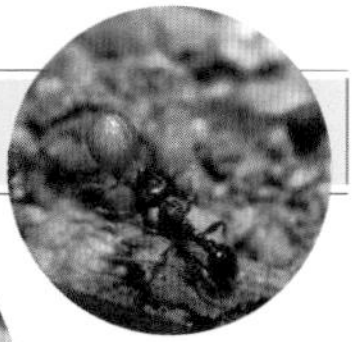

紫花地丁

豬牙花

掌葉槭

蛇莓

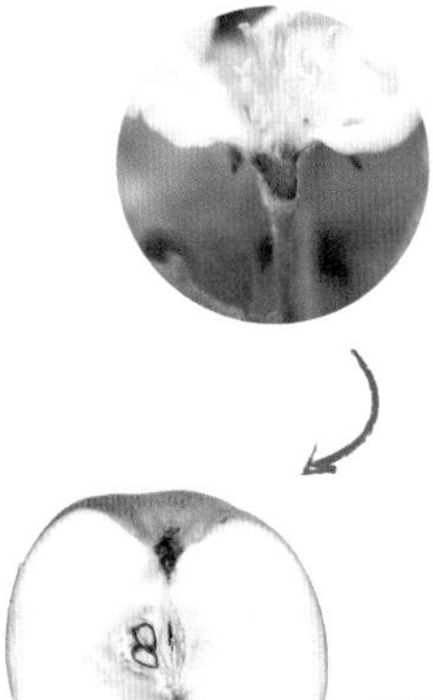

蘋果

從花到果實

植物為什麼會開花呢？結出果實、製造種子，這就是花的目的。

雌蕊接受花粉的部分是柱頭。柱頭沾上花粉則是授粉。

授粉後，花粉通過細長的花粉管，進入雌蕊的花柱，到達子房裡的胚珠。花粉管中的精核（相當於動物的精子）移動，進入胚珠與卵細胞結合，這就是受精。經過受精後，胚珠會形成種子，子房會長成果實。

花的結構是花萼、花瓣、雄蕊、雌蕊。形態與組合很多樣化，有缺少花瓣的花，只有雄蕊或雌蕊的花（也就是雄花、雌花

日本南五味子

花朵
從綻放的時候開始，就在為後續的生命作準備。

長莢罌粟

分開的花）。同時擁有雄蕊與雌蕊的稱為兩性花。

花裡不一定只有一根雌蕊。像草莓的同類或日本南五味子，就是一朵花裡有多根雌蕊，以複果的形態成熟。

花朵的形狀、顏色、大小，與運送花粉的手法有很大的關聯。風媒花樸素不起眼，蟲媒花或鳥媒花漂亮醒目。即使是分類相近的植物，只要運送花粉的手段不同，就會開出外觀不同的花。

讓我們靜靜地觀察花吧。仔細看花的雌蕊，就會發現將來果實的樣子。在槭樹的兩性花裡，已經形成了小小的螺旋槳。

不過，果實將來的樣貌，不一定會從花看出來。像月見草或白芨，細看之下，果實長在花柄可見的部分。因為它們是花瓣及花萼下側有子房的「上位花」。

像玫瑰或蘋果的子房，在由花苞型的花萼完全包覆的狀態下生長。我們所吃的蘋果果實，是花萼增生膨起的部分，原本的子房稱為「果核」，相當於薄膜內側的部分。草莓的果肉則是總花萼生長的部分。就像這樣，從花長成果實的形態也很多樣化。

結出果實，製造種子，是植物開花的目的。

圖解用語解說

花的構造

櫻花

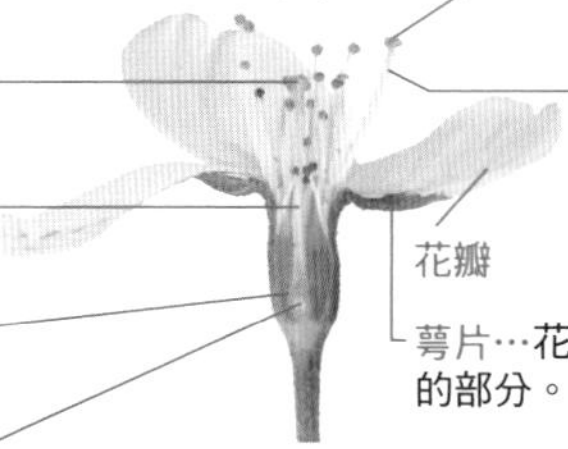

雌蕊

- 柱頭…接受花粉的部分。
- 花柱…連接柱頭與子房。
- 子房…將來會成為果實的部分。
- 胚珠…將來會成為種子的部分。

雄蕊

- 花藥…裝花粉的囊狀構造。
- 花絲…支撐花藥的部分。

花瓣

萼片…花萼分裂的部分。

花被…花瓣與萼片的總稱。

柚香菊

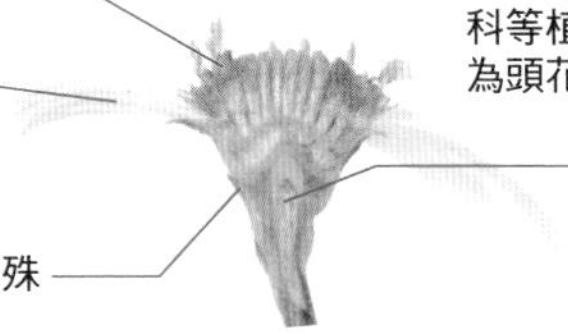

筒狀花…在菊科植物頭花的中心形成的筒狀小花，也叫作管狀花。

舌狀花…在菊科植物的頭花中，可以想成是僅具一片花瓣的小花。

總苞…支撐頭狀花的特殊化葉子。

頭狀花序…小花密集排列於花床上，整體看起來像一朵花，常見於菊科等植物的花序，又稱為頭花。

花床（花托）…相當於花朵底座的部分。支撐著花瓣、雄蕊、雌蕊。

果實的構造

南天竹

柱頭留下的遺跡

種子

外果皮…果皮最外側的一層。

中果皮…外果皮與內果皮之間的部分。液果的這個部分就會成為果肉。

內果皮…果皮的最內層。

液果…果肉呈肉質或液質的果實。

種子的構造

柿子

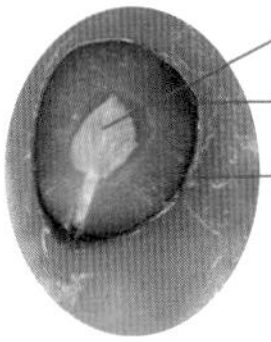

胚…孕育新植物的部分。

種皮…種子的皮。

胚乳…儲存新芽生長所需養分的構造。

核果　在液果中，中果皮變成果肉，內果皮則變成包覆著種子、又厚又硬的果核。

大花四照花

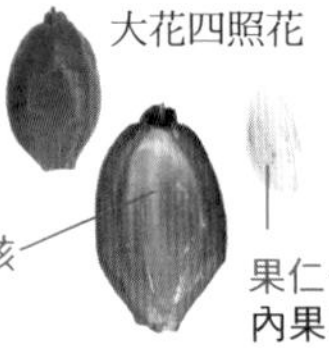

果核

果仁…包覆在堅硬內果皮的種子。

種子的附屬物

木槿

種髮…從種子長出的毛。

豬牙草

油質體…從種子的柄變化而成，含有引誘螞蟻的成分。

日本薯蕷

種翼…從種子的一部分發展出的翅膀。

衛矛

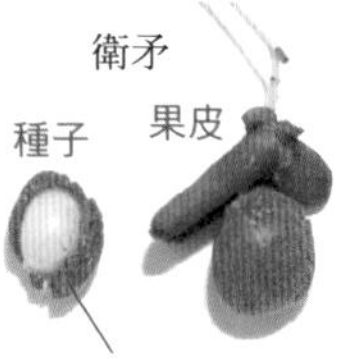

種子

果皮

假種皮…由胚珠以外的構造變化而來，包覆種子的肉質構造。

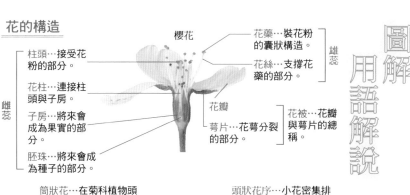

果實的附屬物

堅果…由果皮木質化形成硬殼，包住種子的果實。

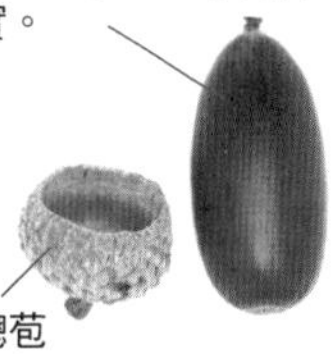
蒙古櫟

殼斗…由總苞變化而來，包覆著堅果的部分。

翅果…由果皮的一部分變化成翅膀的果實。

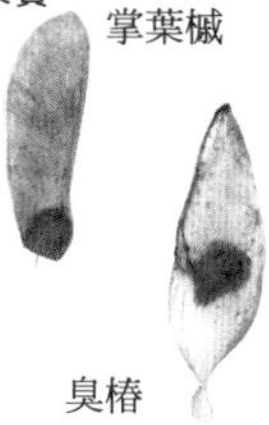
掌葉槭
臭椿

總苞…隨附著花序（或果序）的特化葉狀構造。

南京椴

果序…果實的集合構造。相對於花序的用語。

冠毛…菊科植物的果實從萼片轉變而成的毛。

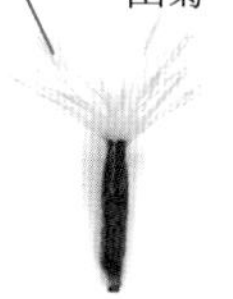
山菊

瘦果…在薄而硬的果皮中，只有一粒種子的果實。

各種各樣的果實與種子

集合果…由複數的果實聚集而成的集合體，看起來像一顆果實。

一顆果實
英國梧桐

蓇葖果…袋狀的果實。成熟後會開裂，散佈種子。

蘿藦

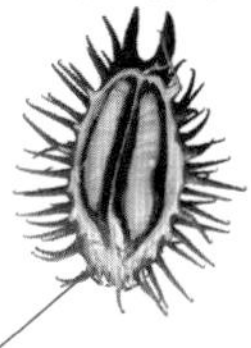
東方蒼耳

果苞…總苞癒合緊密包覆著果實者。

離果…從一朵花發育出的果實分成多顆生長。

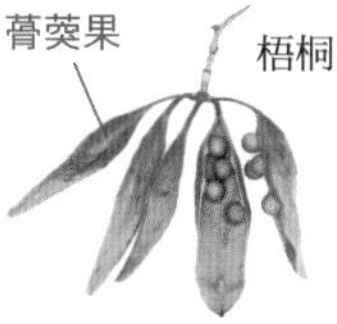
蓇葖果
梧桐

莢果…豆科植物的果莢。

野毛扁豆

蓋果…上方像蓋子一樣的果實。

車前草

果穗…複數的果實穗狀合生。是集合果的一種。

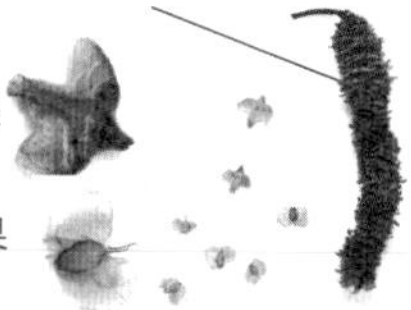
果鱗
翅果
白樺

蒴果…成熟後裂開，散出許多種子的果實。

紫花地丁

節莢果…分成一節節的果實。

合萌

穎果…禾本科植物的果實。是瘦果的一種，由數枚葉子變形而成的「穎」包覆。

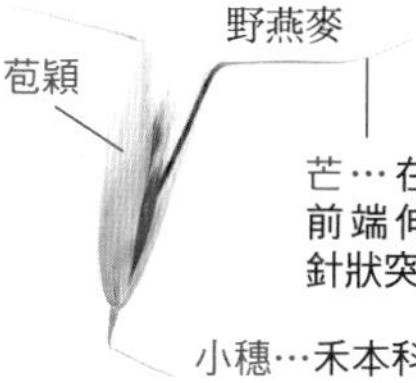
野燕麥
苞穎

芒…在穎的前端伸出的針狀突起。

小穗…禾本科植物的果序單位。

其他植物用語

一年生草本植物：在一年內完成種子發芽、開花、再次結實的過程，接著枯萎的植物。

二年生草本植物：從種子發芽、開花，到再次結實，在一年以上、兩年之內完成，結實後就枯萎的植物。譬如：月見草。

複葉：從單一葉片分裂成許多小葉。小葉沿著一中軸呈兩列狀排列的是羽狀複葉，呈放射狀的是掌狀複葉。

越冬生草本植物：在秋季發芽、春季開花結實，留下種子後就枯萎的植物。又稱為冬型一年生草本。

雄花：只有雄蕊、沒有雌蕊的花，就算有雌蕊也已經退化，不會結果實。

開放花：參照108頁。

外來種：原本不在這片土地生長的生物，經由人為運送而散佈開來，又稱為歸化種。

雌雄異株：雄花與雌花分別長在不同株的植物。

春季短生植物（Spring ephemeral）：在初春的短暫時期開花、散佈種子後，地上的部分枯萎，地下的根部休眠到翌年的多年生草本植物。譬如：豬牙花。

腺體、腺毛：分泌黏液與蜜的組織。在蒼耳的總苞或腺梗菜的果實等處會看到。

多年生草本：可生長多年的草本植物。有隨著季節變遷，地上的部分枯萎，進入休眠的種類，也有一整年保持常綠的種類。

閉鎖花：請參考109、118頁。

苞片：隨附著花與果實，特殊化的葉片。

雌花：只有雌蕊而沒有雄蕊的花，就算有雄蕊也已經退化，不會製造花粉。

葉鞘：由葉子基部發達特化，呈現出包圍著莖的狀態的構造。常見於禾本科與蓼科植物等。

兩性花：在一朵花裡同時具備雄蕊與雌蕊。

鱗狀毛：鱗狀的毛。在胡頹子等植物的果實與葉子表面可看到，反射光線會閃耀光亮。

第一章

蓬鬆的種子

花經過授粉、受精而結實，製造種子。雌蕊的子房長成果實，種子在子房的保護下成熟，過程有各種不同變化，成果也相當多樣化。最後結成的果實與種子，會離開親代植物，遷移到新的地方，熬過不適合生長的季節，將生命延續到未來。

多年生蔓性草本
蟲媒花（雄株、雌株與兩性株）

蘿藦

Metaplexis japonica

Family: 夾竹桃科 | Genus: 蘿藦屬

風散佈．含種子、種髮
蓇葖果，成熟的果實會裂開

蓬鬆柔軟 漫步在空中

↑當果莢很多時，會成對相連。果莢成熟後會縱向裂開，露出有柔軟絨毛的種子。

NO.01

PROFILE

出生地	日本
住處	野地的草叢茂密處
誕生月	8～9月
成人時期	11～12月
身高	7mm（種子）／6cm（絨毛的直徑）／10cm（果實）

食 藥 染 觀 遊 他　果實與種子是天然素材。過去長絨毛的纖維曾用來作印泥。

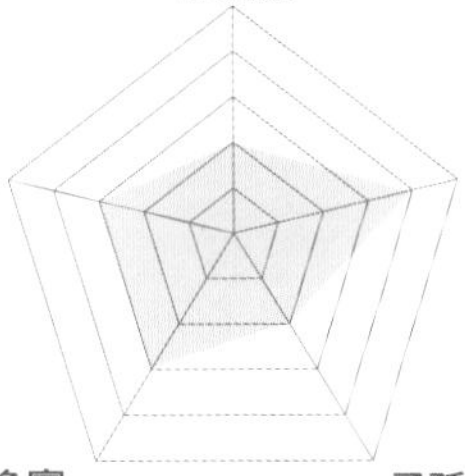

←蘿藦的絨毛是由種子接合的部分變化而成，稱為「種髮」。

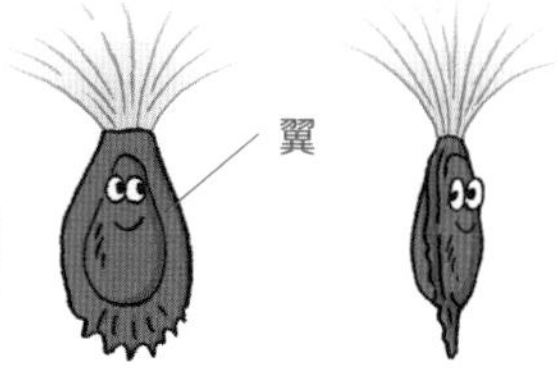

↑種子本身形狀平坦。

→果莢裂開後變成小船的形狀。在日本神話中，傳說少名昆古那神搭乘蘿藦果的小舟，遠從海洋彼端趕來建立日本國。

蘿藦的種子閃耀著白色光亮，飛翔在鄉間原野的空中，跟傳說中只要捕捉到，幸運就會降臨的謎樣生物「白毛球」（Keseran Pasaran）的形象一致。在日本建國神話中，也記載神祇搭乘蘿藦果莢的殼當成小舟渡海。

在晴朗的初冬某日，紡錘型的果莢裂開，在空氣與光線中閃耀著銀白色絨毛的種子們陸續出發。種子的絨毛極微小且極細，所以跟鳥的羽毛一樣，包含著空氣柔軟地飄浮在空中。這簡直就像無重力飛行物體！如果乘著風，應該可以飛翔數百公尺遠吧。

蘿藦是野地草叢的雜草，跟日文名字「鏡芋」無關，既長不出塊莖也無法食用。夏季時蘿藦會開出可愛的花，讓花粉附著在昆蟲身上帶到別處，藉由這樣的技倆達成結實的目的。

多年生草本（歸化植物）
單性結實（三倍體種）

西洋蒲公英

Taraxacum officinale

Family: 菊科 | Genus: 蒲公英屬

風散佈．果實、冠毛
瘦果、球形的果序

複製軍團乘著降落傘登陸

→花朵的雌蕊細胞不經過授粉、受精，直接形成種子。彷彿孫悟空的分身術，長出複製品般的種子。

NO.02

PROFILE

出生地	歐洲
住處	路旁或空地、公園的草地
誕生月	3～9月
成人時期	4～11月
身高	3.5mm（瘦果） 1.7cm（含絨毛在內的瘦果）

食 藥 染 觀 遊 他

摘下絨球後，可以吹著玩。花與葉能食用。根部可以烘烤製作咖啡的替代品。

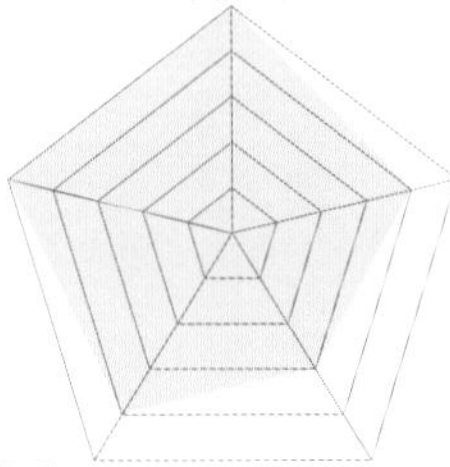

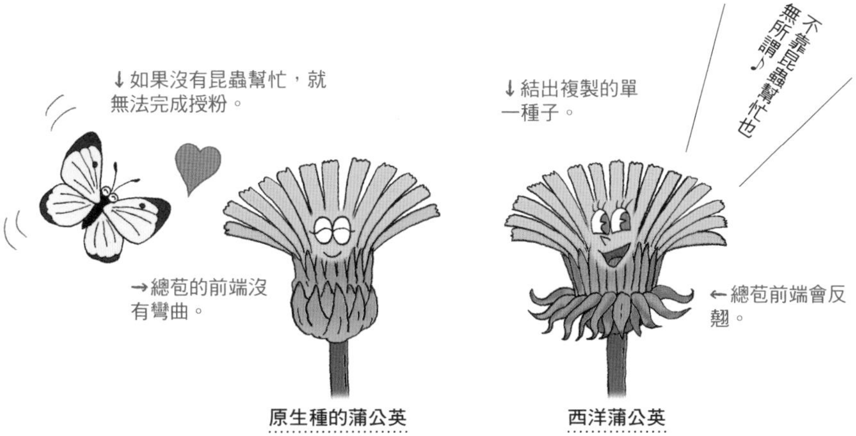
↓如果沒有昆蟲幫忙，就無法完成授粉。
→總苞的前端沒有彎曲。
原生種的蒲公英
↓結出複製的單一種子。
不靠昆蟲幫忙也無所謂♪
←總苞前端會反翹。
西洋蒲公英

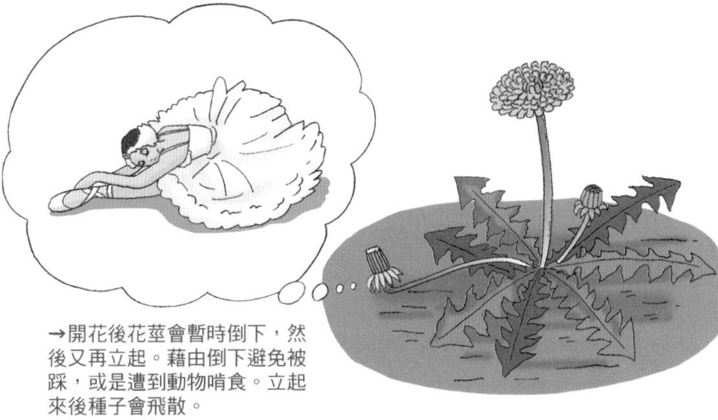
→開花後花莖會暫時倒下，然後又再立起。藉由倒下避免被踩，或是遭到動物啃食。立起來後種子會飛散。

蒲公英頂著渾圓的絨帽，風一吹，銀白的降落傘部隊就紛紛飛起。

西洋蒲公英的故鄉是歐洲。在明治時代（編註：公元一八六八～一九一二年）侵入日本。雖然跟日本原生種的蒲公英相似，不過西洋蒲公英看起來像花萼的總苞會反捲，從這一點可分辨出來。

它在日本全域成功散佈開來的關鍵是「單性結實」。即使沒有受精，也能培育出種子，讓遺傳基因完全相同的複製軍團誕生。既不需要運送花粉的昆蟲，也不需要結婚對象。從降落在空地的一粒種子，可以衍生出上萬株西洋蒲公英。

為了讓種子飛翔，西洋蒲公英在凋謝後，花莖會一度倒在地面，保護未成熟的種子。接下來等種子成熟後又再豎起，複製軍團的降落傘部隊會從昂首挺立的絨球出發，乘風旅行。

多年生草本（歸化）
蟲媒花

翼薊

Cirsium vulgare

Family: 菊科 | Genus: 薊屬

風散佈・果實、冠毛
瘦果、半球形果序

攻城掠地 絨毛帶刺的武裝部隊

→不小心被葉子的利刺刺到會很痛！

NO.03

PROFILE

出生地	歐洲（在日本歸化）
住處	路旁或空地
誕生月	5～10月
成人時期	5～11月
身高	4mm（瘦果） 3cm（絨毛的直徑）

食 藥 染 觀 遊 他
蓬鬆的絨毛看起來像日本傳說中的「白毛球」，可以拿來玩。

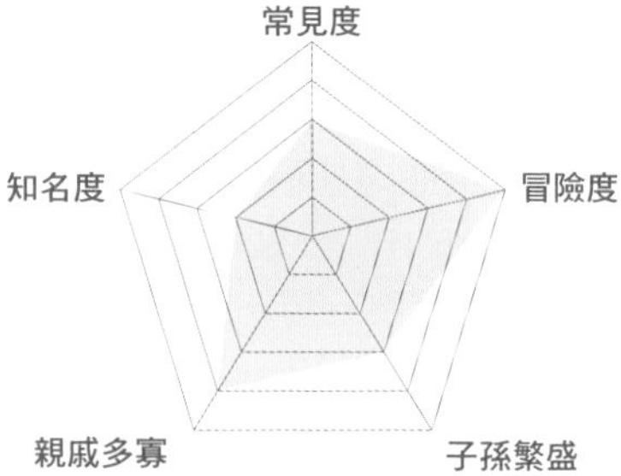

綿毛看起來像棉花糖！
→冠毛上有像鳥類羽毛般的側枝，如果勾上了，就很難擺脫。
↑種子掉落後的綿毛，輕盈又蓬鬆地在空中飄遊。

薊類葉子的刺很尖銳，碰觸到會很痛。在日本包括大薊在內有很多種類，最近刺多而且異常尖銳的外來種薊類，正在日本各地急速增加中。

明明薊刺讓人覺得痛，卻又無法徹底驅除，而且薊類的種子很輕，容易到處飛，一下子就散佈開來。

薊花會成為蘇格蘭的國花，也是因為它的刺保衛國家，抵禦了前來攻擊的敵軍。薊藉著其尖刺攻城略地，繼美國之後又試圖佔領日本。

與同為菊科的蒲公英不同，薊花的果實沒有柄，從花托向四面八方伸展綿毛，成熟後看起來就像棉花糖一樣。即使看起來好像快要掉了，也不會掉到地上，因為絨毛有一根根側枝互相交織，單看形狀就像鳥的羽毛。

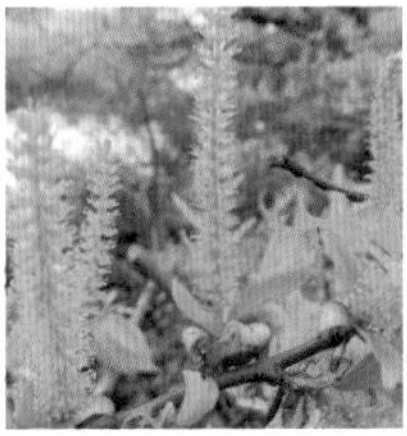

落葉闊葉樹
蟲媒花（雌雄異株）

腺柳

Salix chaenomeloides

Family: 楊柳科 | Genus: 柳屬

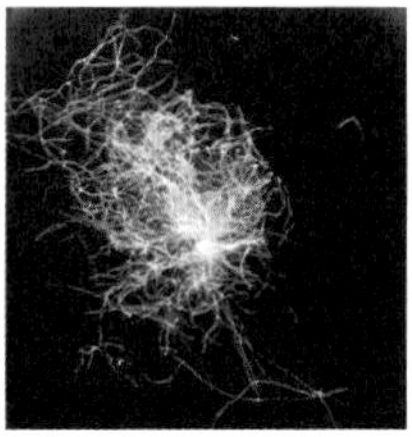

風散佈．種子、種髮
蒴果、果序成尾巴狀

→種子的大小正好是一公釐，包覆在糾結的綿毛中。

漂泊的柳絮 生命轉瞬即逝

NO.04

PROFILE

出生地	日本
住處	山野的水邊
誕生月	3月
成人時期	5月
身高	1mm（種子） 1cm（綿毛的直徑）

食 藥 染 觀 遊 他

白色飄飛的柳絮是仲春的季語*。花雖然顯得樸素，紅色的新芽很漂亮。

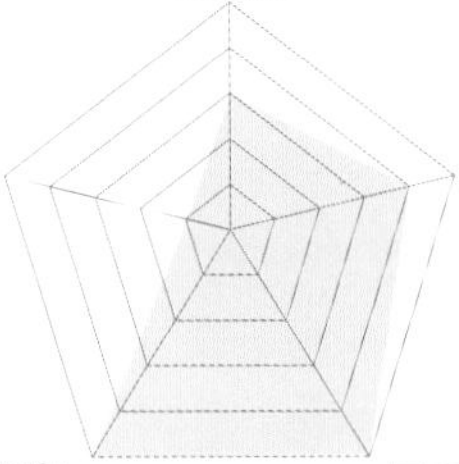

*譯註：連歌、俳句等用以表示季節的詞彙。

↓種子成熟後，穗會變得像這樣蓬鬆。

→裡面有種子。

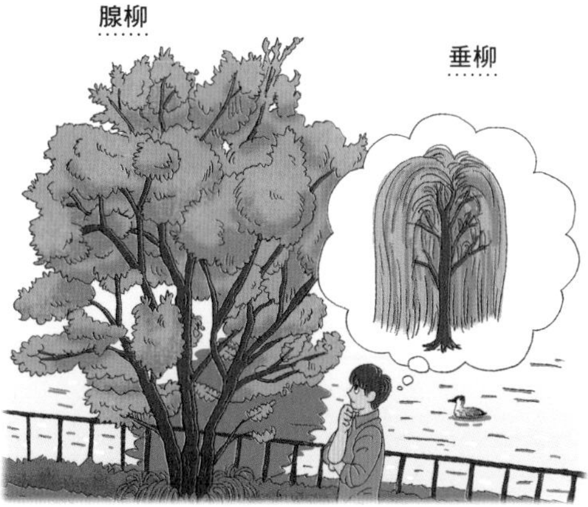

↑提到柳樹，一般會想到垂柳，但是腺柳不會將枝葉垂下。楊樹也是柳樹同科的親戚。

↑能不能降落在水分充足的地方，是存活關鍵。

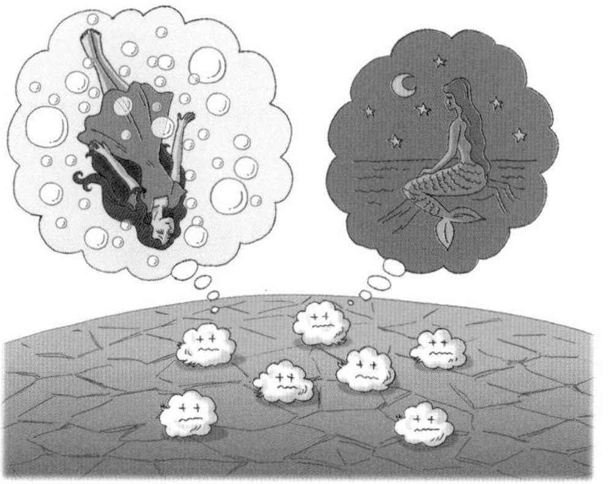

→如果種子降落在乾燥的土地，命運就像變成泡沫消失的人魚公主。

水邊經常生長著各種柳樹。來自中國的垂柳在日本只有雄株，不會結實，但是野生的柳樹雌株會結實，種子等待著出發的時機。

在初夏晴朗的日子，果實的皮破裂，柳樹的種子在白色綿毛的包覆下蓬鬆地在空中飄浮，這種綿毛叫作「柳絮」。

柳樹的種子本身很細小而且壽命短暫。如果降落的地點是適合生育的潮濕地面，種子在翌日就會扎根生長。不過，這可是幸運的少數，大部分的種子最後都會枯乾或腐爛，結束短暫的一生。

到了最後，柳樹所生長的水岸地面與水面，會有無數柳絮堆積，就像純白的積雪。彷彿沒有機會遇到王子的人魚們化為泡沫消失，成為生命轉瞬即逝的遺跡。

水生多年生草本
風媒花（雄花與雌花）

香蒲

Typha latifolia

Family: 香蒲科　　Genus: 香蒲屬

風散佈．果實、白毛
瘦果、圓柱狀的果序

咻！神奇的水邊香腸 瞬間變身棉花糖

NO. 05

PROFILE

出生地	日本
住處	山野的水邊與溼地
誕生月	6～7月
成人時期	11～1月
身高	1.5mm（瘦果）／1cm（包含綿毛在內的瘦果）／15～20 cm（果穗）

食 藥 染 觀 遊 他

穗絮可作為填充物或助燃物。花粉可以當作止血藥。蒲葉經過編織後可以作為墊子。

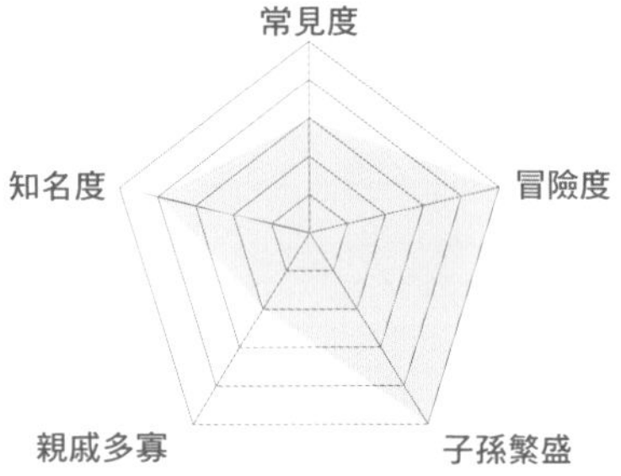

↓穗上的突起物是雄花留下的痕跡。

←綿毛有時會附在水鳥身上，帶到遠方。

↑以前香蒲的綿毛會用來作棉被，漢字有時寫成「蒲團」，「蒲」就是香蒲的穗。

↑用手指壓成熟的香蒲穗，棉絮會滿溢出來。就像人潮擁擠的電車一樣塞得緊密。

自然界有出乎意料相似的東西。在水邊生活的香蒲穗，怎麼看都像烤香腸。不過遺憾的是，香蒲穗不能吃。

香蒲穗是無數種子的集合體。事實上約有二十萬顆種子整整齊齊地排列在軸上。後來會變成像降落傘的棉絮，在種子還沒成熟時，保持濕的狀態折疊起來。

種子在初冬時成熟。這時如果用手指壓香蒲穗，咻……香腸在一瞬間變身為棉花糖，非常好玩。

仔細觀察可以發現，受到衝擊後穗會鬆開，棉絮漸漸地包含空氣伸展開來，原本像烤香腸的香蒲穗會整個變得像棉花糖一樣。

乘著北風的香蒲穗變身為棉花糖，無數的種子張開降落傘出發，彷彿離開擁擠車廂的眾多乘客。

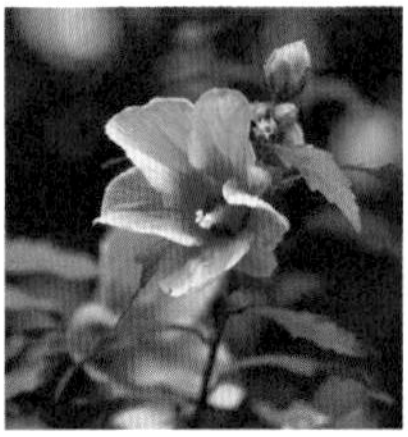

落葉闊葉樹(園藝)
蟲媒花

木槿

Hibiscus syriacus

Family: 錦葵科 | Genus: 木槿屬

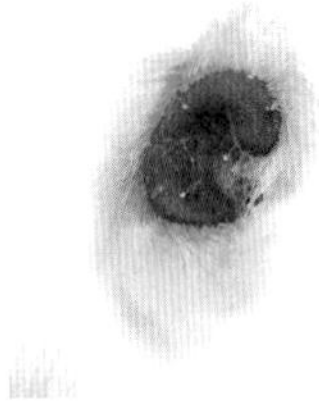

風散佈・種子、種髮
蒴果、從上方裂成五個部分

一頭金毛的莫霍克族 飄揚飛行吧

→木槿的種子是頂著莫霍克髮型的搖滾客。不過這種造型有它存在的意義。

NO.06

PROFILE

出生地	中國
住處	庭園或公園
誕生月	6～7月
成人時期	11～1月
身高	5mm（種子）／1cm（含種髮在內）／2cm（果實）

食 藥 染 觀 遊 他　花可供觀賞，花苞、鮮嫩的果實、樹皮可以作為藥用。

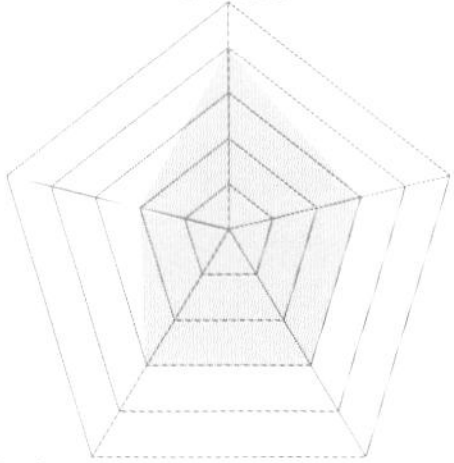

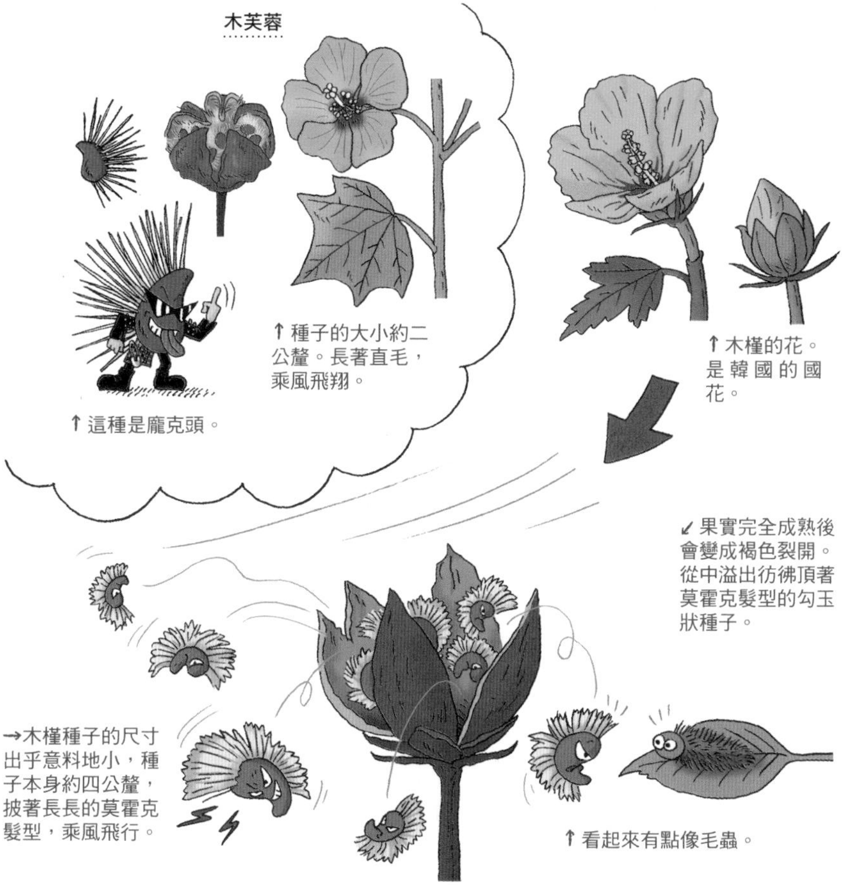
木芙蓉
↑種子的大小約二公釐。長著直毛，乘風飛翔。
↑這種是龐克頭。
↑木槿的花。是韓國的國花。
↙果實完全成熟後會變成褐色裂開。從中溢出彷彿頂著莫霍克髮型的勾玉狀種子。
→木槿種子的尺寸出乎意料地小，種子本身約四公釐，披著長長的莫霍克髮型，乘風飛行。
↑看起來有點像毛蟲。

木槿跟扶桑花是同屬的園藝植物，在夏季炎熱的時期會綻放華麗的花朵。花開後就結出卵形的果實，秋季時從上方裂成五瓣，湧出一大群的……哎呀，毛蟲!?

種子的長度約四公釐。形狀像是把勾玉壓扁後的樣子，邊緣生長著一列金色的硬毛。仔細一看，不就像金髮的莫霍克髮型，或是獅子的側臉嗎？

花托上盛得滿滿的種子，漸漸地隨風飛去。毛很堅硬，到春季都可以保持不變的髮型。想必是為了種子能乘風完成漫長的飛行，所以讓毛長得這麼硬。

相似的木芙蓉果實較寬，就像大的卵形，長出濃密的毛。種子像有厚度的短勾玉，背面有金色的直毛生長，帶有龐克風。比木槿的種子輕，似乎常在空中飛翔。

多年生
風媒花

白茅

Imperata cylindrica

Family: 禾本科 | Genus: 白茅屬

風散佈 · 果實、基毛
穎果、尾狀果序

閃耀白色銀光
像狐狸尾巴迎風搖曳

↑生長在鄉間的原野或路旁，經常群生在填埋過的濕地。

NO.07

PROFILE

出生地	日本
住處	原野或空地
誕生月	4月
成人時期	6月
身高	4mm（穎果） 10～20cm（果穗）

食 藥 染 觀 遊 他

以前的人會咀嚼甘甜的嫩穗，就像口香糖一樣。穗絮可以作為助燃物。

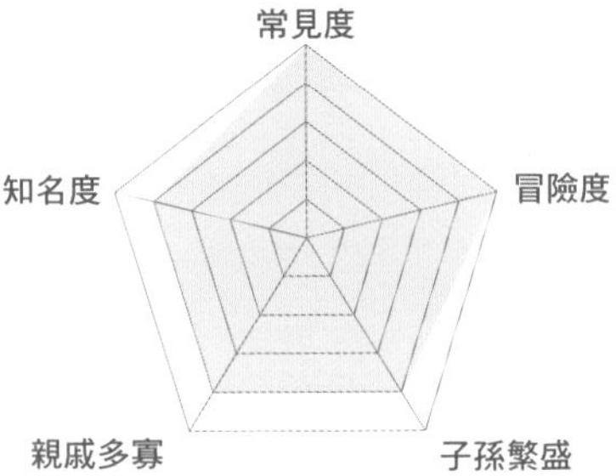

↑長出棉絮前的嫩穗，帶有微微的甜味。

↓棉絮是從種子的根部長出，柔軟地乘風飄浮。

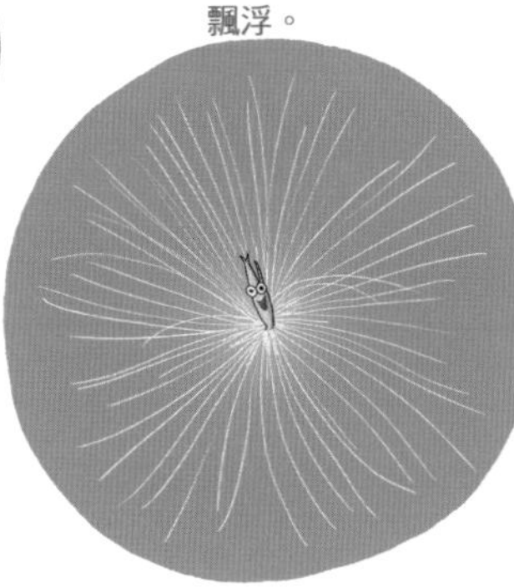

↑蓬鬆的綿穗就像觸感良好的圍巾。

狗尾草

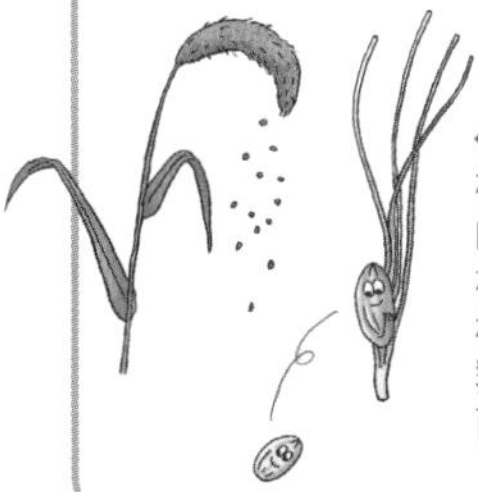

←同樣是禾本科植物，但狗尾草的穗毛是刺毛，相當於花序的分枝，無法乘風飛翔，直接落在地面。

→以前燒柴火，在點火時會把棉絮當成助燃物。

迎風飄搖的白茅穗就像狐狸尾巴一樣蓬鬆，如小貓的毛般柔軟。初夏時種子成熟，白茅穗隨風飛散，棉絮的種子蓬鬆地飄飛。

白茅自古以來，就是人們生活中熟悉的植物。未成熟的穗日文中就稱為「茅花」，在《萬葉集》或《枕草子》裡也曾出現。白茅跟甘蔗是近親，而且如果將包在葉鞘裡、還沒成熟的穗拔斷咀嚼，會有淡淡的甜味，以前的孩子們把白茅嫩穗當成口香糖的替代品，享受咀嚼的樂趣。糾纏的棉絮也常用來當助燃物。

白茅與芒草等禾本科植物的棉絮，是從果實（小穗）基部生長的白毛。白毛肩負著守護花的責任，雄蕊與雌蕊從綿毛間露臉，藉由風授粉。順帶一提，狗尾草的穗毛其實是相當於花序枝的構造，果實（小穗）沒有毛。

專欄一

絨毛的纖維，是最優質的素材

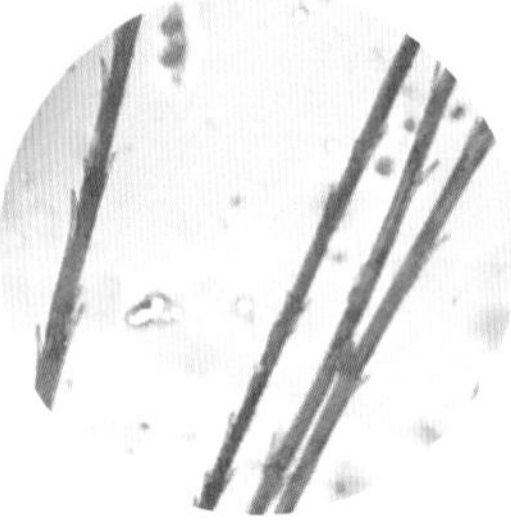

▶蒲公英絨毛的顯微鏡攝影。由許多細胞構成，中間有許多微小的分枝。

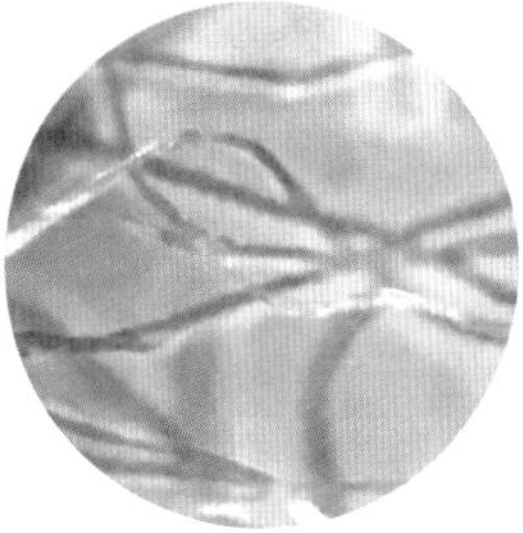

◀棉花纖維的顯微鏡攝影。在加工過程遭到破壞，原本是中空的而且很長。

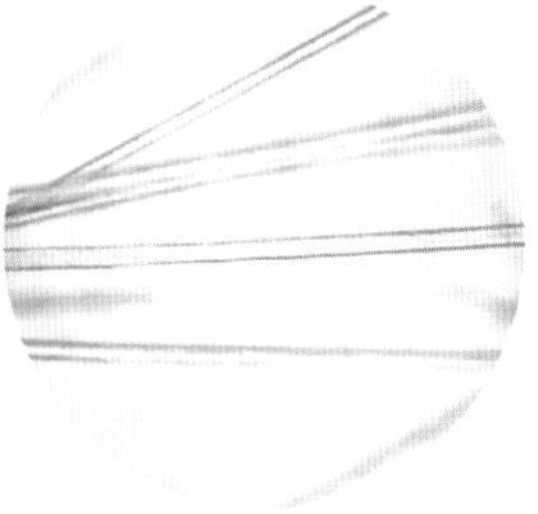

◀蘿藦種髮的顯微鏡攝影。呈中空，由一個細胞構成。

儘管同樣叫作絨毛，由來卻相當多樣化。蘿藦（詳20頁）的毛是從種子的一部分變化而來，生物學上稱為種髮。種髮由單一細胞構成，已經沒有內部的構造，只剩下細胞壁，形成三公分長的中空管。透過顯微鏡來看，直徑約十五到二十五微米（μm）。大約是一公釐的五十分之一，可說是「極細」。如此細微的直徑是為了黏附空氣而生，獲得懸在空中的浮力。近年來中空化學纖維的研發頗受注目，其實植物在很久以前就發展出這麼先進的素材。

而白茅（詳32頁）的棉絮是從果實的基部，也就是親代植物的一部分長出的綿毛。跟蘿藦同樣又細又輕，輕盈地飄送著種子。

蒲公英（詳22頁）的絨毛是從萼片變化而來的「冠毛」，即從萼的組織變形而來。從顯微鏡觀察，由十根左右中空的毛聚集成一根冠毛，從中間分岔出分枝（翼薊絨毛的分岔則是像鳥類羽毛狀）。這種絨毛的直徑在根部約三十微米，前端約二十微米。粗細跟蘿藦幾乎

▲白茅的棉絮。

▲香蒲的棉絮。

▲吉貝木棉原產於熱帶亞洲，樹高二十公尺，以手工藝的素材聞名。左上角是成熟前的果實。

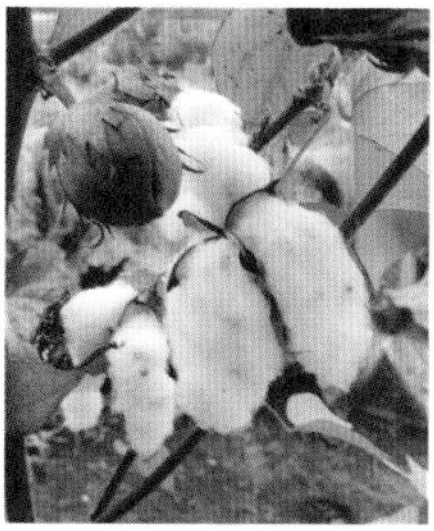

▲作為棉類纖維原料的棉花果實。裂開後的果實稱為「棉桃」。

▲蘿藦的棉絮。

差不多，由許多細胞構成，因此細胞壁的部分佔大多數，空洞很小，輕盈的程度跟蘿藦不相上下。

棉花纖維是從棉花這種植物的果實得來的，包覆種子的毛非常長，而且中空，透過顯微鏡觀察，比蘿藦稍微細一點。久了以後會耗損，但是不會斷裂。棉花的纖維很堅韌，可以長期保存。

熱帶亞洲有種稱為吉貝木棉的高大樹木，結出的果實也可以利用。成熟後果實裂開跑出蓬鬆的棉絮，由棉絮包覆的種子隨風散佈。吉貝木棉的棉絮可使用在抱枕填充物等。

以前的人會利用周遭草花的絨毛。蘿藦過去在日本被稱為草棉，棉絮作為棉的替代品，用來製作針插或印泥。前人也利用香蒲或長苞香蒲蓬鬆的棉絮，製作填充物或棉被。只是香蒲的種子前端銳利，就像羽毛的羽絨一樣，以前很容易從粗布的纖維縫隙透出，據說也是造成人們眼睛疼痛的原因。

絨毛的空中藝廊

除了蘿藦與薊花以外，還有很多附絨毛的種子，蓬鬆地飄浮在空中，如果遇到上升氣流，就有可能飛舞到高處，所以我們從低矮的草叢間尋找種子，包括本文沒有提到的植物在內，介紹有趣的絨毛。

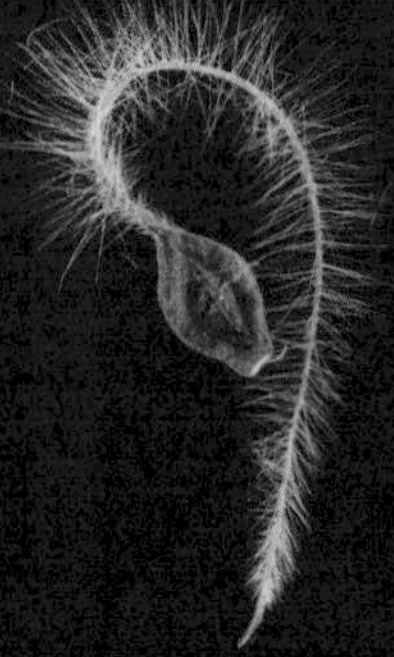

圓錐鐵線蓮

毛茛科

跟女萎是關係相近的植物。尾巴特別長，約三公分，會輕輕地捲起。

女萎

毛茛科

在尾端彷彿突起的部分，有絨毛綿密地生長著。

細梗絡石

夾竹桃科

細長的種子長約一.五至二.五公分。絨毛展開後，直徑超過五公分。

關東蒲公英

菊科

在長柄前端有絨毛展開，像降落傘。

大薊

菊科

沒有柄，種子直接與絨毛相連。絨毛還有小小的側枝，變得更有分量。

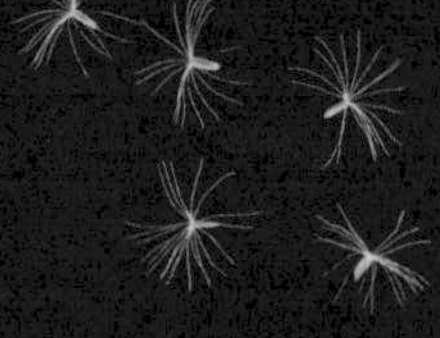

加拿大一枝黃花

菊科

絨毛直接與種子相連，輕巧堅牢。

細芒刺

芒

禾本科

許多禾本科植物都有突起的細芒刺。

第二章

飛舞的種子

有些種子攤開薄薄的翅膀，旋轉著翩翩飛舞，緩緩地降落，在落地前也可能乘風往水平方向移動。在落葉樹多而且吹拂強烈季節風的日本，秋天是這類種子最適合旅行的季節。

落葉闊葉樹（植栽）
蟲媒花

南京椴

Tilia miqueliana

Family: 椴樹科　　Genus: 椴樹屬

風散佈·果序、翼（總苞）
瘦果、在總苞結的果序

→總苞變化成翅膀，慢慢地在空中飛舞迴轉。

BDJ呼叫塔台!!
請引導降落地點!!

吊著種子迴旋空中的直升機

NO.08

PROFILE

出生地	中國
住處	公園或寺院
誕生月	6月
成人時期	9～11月
身高	8mm（瘦果） 10cm（含翅膀在內的果序）
食 藥 染 觀 遊 他	果實是天然的素材，加工後作為念珠。作為菩提樹的代用寺院栽種樹種

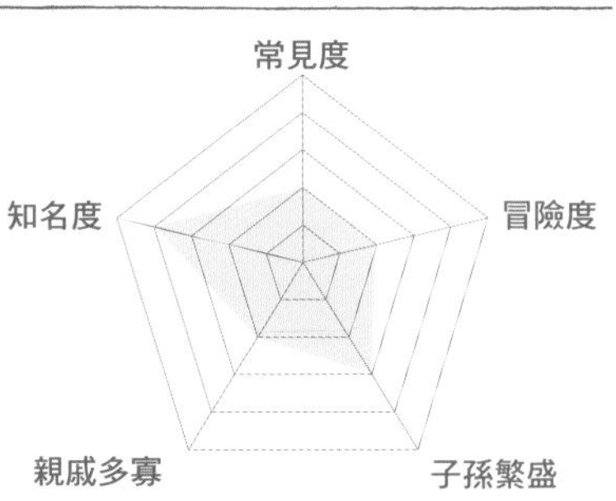
常見度
冒險度
子孫繁盛
親戚多寡
知名度

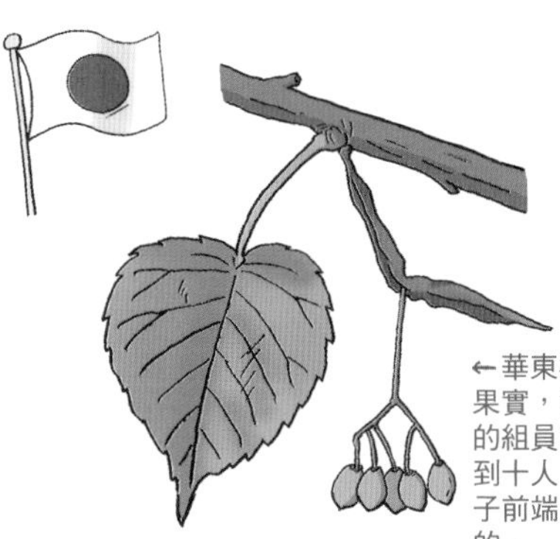

←華東椴的果實，種子的組員有二到十人，種子前端是尖的。

↑在日本的相似種是華東椴。

↓南京椴的花。原產於中國。

↓花垂吊在總苞下綻放。

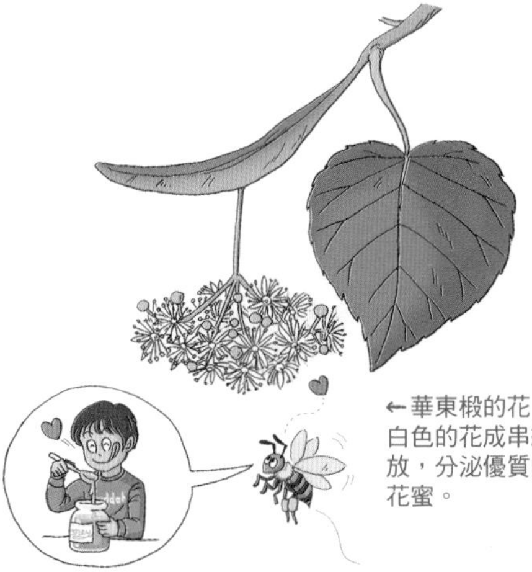

←華東椴的花。白色的花成串綻放，分泌優質的花蜜。

↓南京椴是釋迦牟尼佛身邊的樹，因此經常種植在寺廟。

在彷彿鳥人大賽般多彩多姿的風散佈種子中，南京椴與其他相似樹種所發展出的飛行裝置，既獨特又優秀。

南京椴種子讓大型的翅膀在頭上展開，形成單次運送數名組員的大型飛行船。離開枝頭的飛行船以低速迴轉，乘風飛行。

外觀彷彿從葉片的中心伸出枝枒，抹刀狀的葉片其實是總苞，也就是伴隨著花序形成的特化葉，因此才呈現出如花序枝連接在葉片中段般的奇特外觀。從眾多綻放的花當中，有一到三朵花結實，這時在又硬又乾、呈弧狀的總苞翅膀下，垂吊著成束的圓臉組員。

在日本的山野，有它的親戚「華東椴」長著類似的花與果實，這種直升機上的組員通常有二到十人，數量比較多。

落葉闊葉樹
蟲媒花（雄花與雌花）

梧桐

Firmiana simplex

Family: 錦葵科*　　Genus: 梧桐屬

風散佈．果實、翼（果皮）
蓇葖果，五裂

秋天的飛船果實一起去旅行

→種子佈滿皺紋。

NO.09

PROFILE

出生地	日本．東南亞
住處	公園與街道
誕生月	7月
成人時期	9～10月
身高	7mm（種子） 6～10cm（翅果）

食 藥 染 觀 遊 他　種子炒過後可當作咖啡的替代品。果實是天然的素材，可以投著玩。

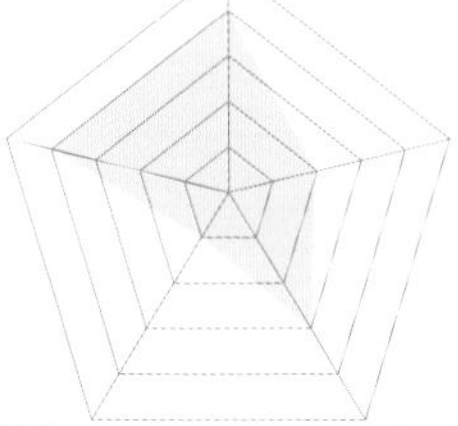

*譯註：舊分類是梧桐科。

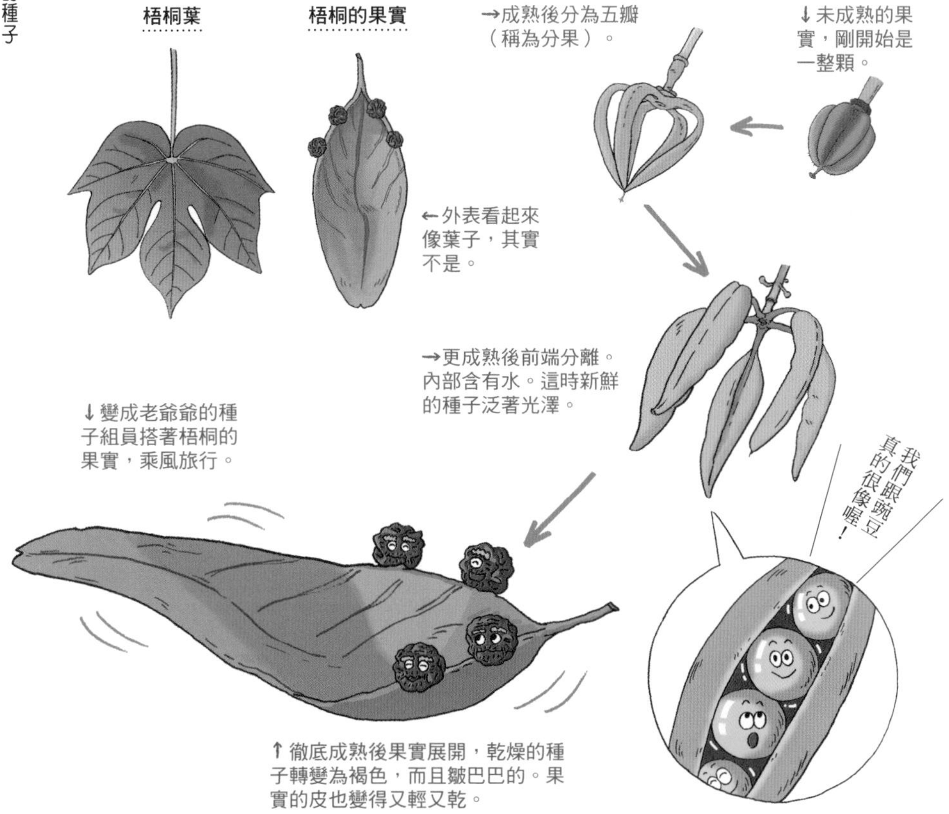
梧桐葉
梧桐的果實
←外表看起來像葉子，其實不是。
→成熟後分為五瓣（稱為分果）。
↓未成熟的果實，剛開始是一整顆。
→更成熟後前端分離。內部含有水。這時新鮮的種子泛著光澤。
↓變成老爺爺的種子組員搭著梧桐的果實，乘風旅行。
我們跟豌豆真的很像喔！
↑徹底成熟後果實展開，乾燥的種子轉變為褐色，而且皺巴巴的。果實的皮也變得又輕又乾。

梧桐又名「青桐」，正如其名有著綠色的枝幹、彷彿天狗的團扇般巨大的葉子。風貌獨特的梧桐果實是「日本最大的會飛的種子」。

梧桐的果實在秋季成熟。船形的果實最長可達十公分，在接近船尾的舷側，有二到四名臉上滿是皺紋的組員。把果實向上一拋，轉呀轉……船底向下旋轉降落。

不可思議的飛船，從七月的花期開始打造。在枝條前端的花序有許多雄花與雌花。雌花結實後很快就分成五瓣，有五個細長的袋狀果實（蓇葖果）下垂。袋內含水，種子在水中成長，後來表面形成縐紋。袋子裂開後，飛船就誕生了。

秋季時飛船變得又輕又乾，載著皺巴巴的種子展開旅程。

落葉闊葉樹（植栽、歸化）
蟲媒花（雌雄異株）

別名：樗

臭椿

Ailanthus altissima

Family: 苦木科 | Genus: 臭椿屬

風散佈．果實、翼（果實）
翅果、形成五個分果

前空翻加扭轉 高難度的體操炫技

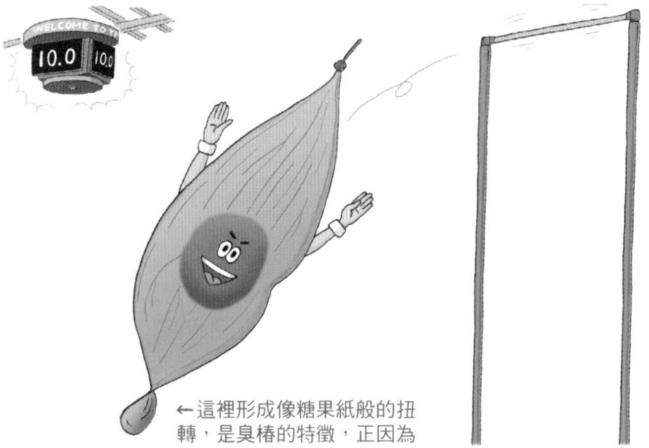

←這裡形成像糖果紙般的扭轉，是臭椿的特徵，正因為如此，所以種子能反覆展現高超的體操技巧。

NO. 10

PROFILE

出生地	中國
住處	山野的路邊與公園
誕生月	5～6月
成人時期	10～11月
身高	7mm（種子） 5cm（翅果）

食 藥 染 觀 遊 他 奇特且會飛的種子，可以投擲玩耍。在中國樹皮可用來作為藥材。

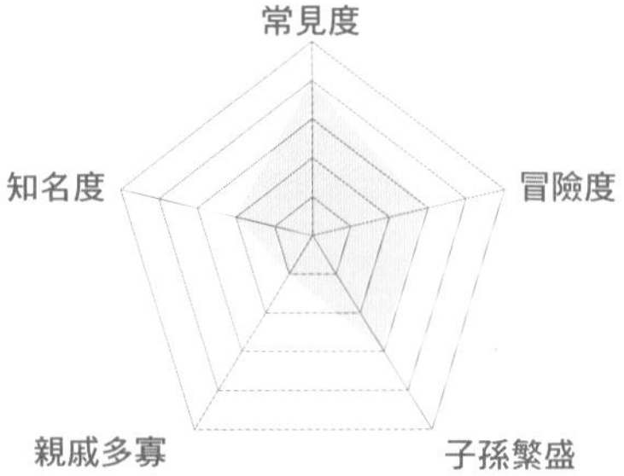

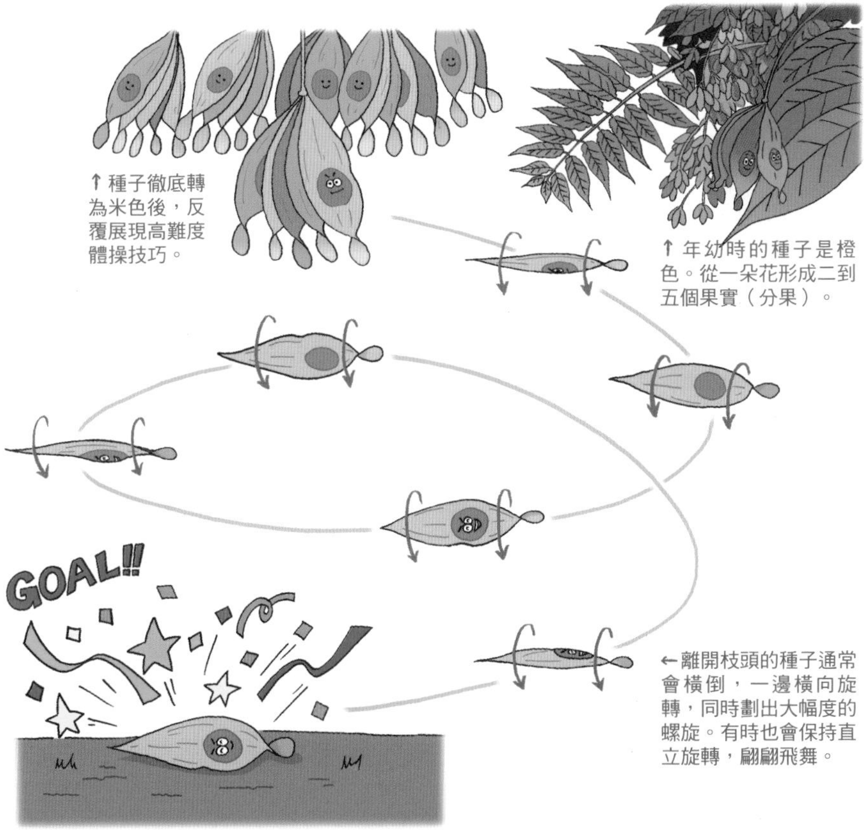
↑種子徹底轉為米色後，反覆展現高難度體操技巧。
↑年幼時的種子是橙色。從一朵花形成二到五個果實（分果）。
←離開枝頭的種子通常會橫倒，一邊橫向旋轉，同時劃出大幅度的螺旋。有時也會保持直立旋轉，翩翩飛舞。
GOAL!!

臭椿是原產於中國的植物，生長在道路旁等地，已經野生化。跟漆樹外觀相似，但是關係並不相近。

臭椿有雄株與雌株，雌株會結出許多飄飛的果實，在夏季未成熟時呈橘色，非常顯眼。到秋季成熟後乾燥轉為淡褐色，在風中翻飛散落。

一朵花會形成二到五束種子。翅果形狀獨特，長度約四公分。種子位於翅果接近中心的地方，稍微偏離重心，翅膀的一端有稍微扭轉的形狀，在脫離枝頭後，會上下不停翻轉，同時又像劃出大螺旋般緩緩飛行。如果在體操界，空中飛舞的種子就像前空翻加上旋轉的「ULTRA-C」級高難度動作！隨著每顆種子的個性與剛落下的角度不同，有些會直立著旋轉翻飛。

落葉闊葉樹
蟲媒花（雄花與兩性花）

掌葉槭

Acer palmatum

Family: 無患子科 | Genus: 槭屬

風散佈・果實、翼（果實）
翅果、兩兩成對

雙胞胎寶寶的竹蜻蜓

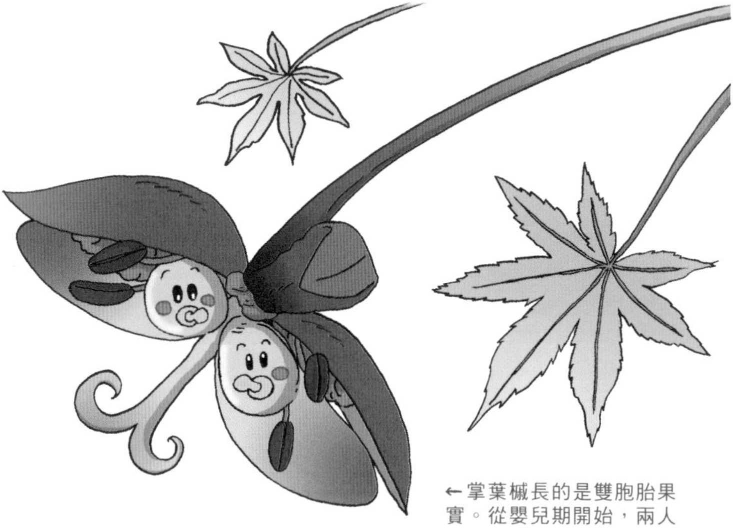

←掌葉槭長的是雙胞胎果實。從嬰兒期開始，兩人就一起生長。

NO.11

PROFILE

出生地	日本
住處	山野的樹林、庭院與公園
誕生月	4～5月
成人時期	10～12月
身高	3mm（種子） 1.6cm（翅果）

食 藥 染 觀 遊 他

小朋友都很喜歡螺旋槳狀的果實。紅葉與新綠的美景可供欣賞。

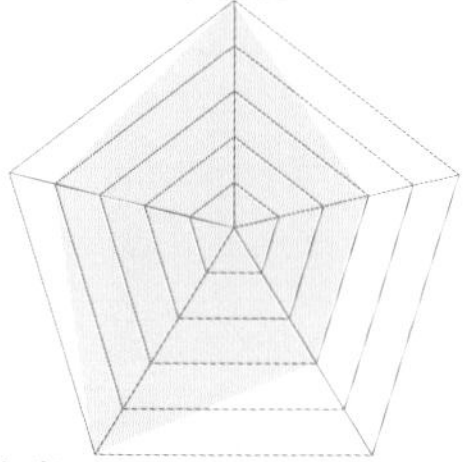

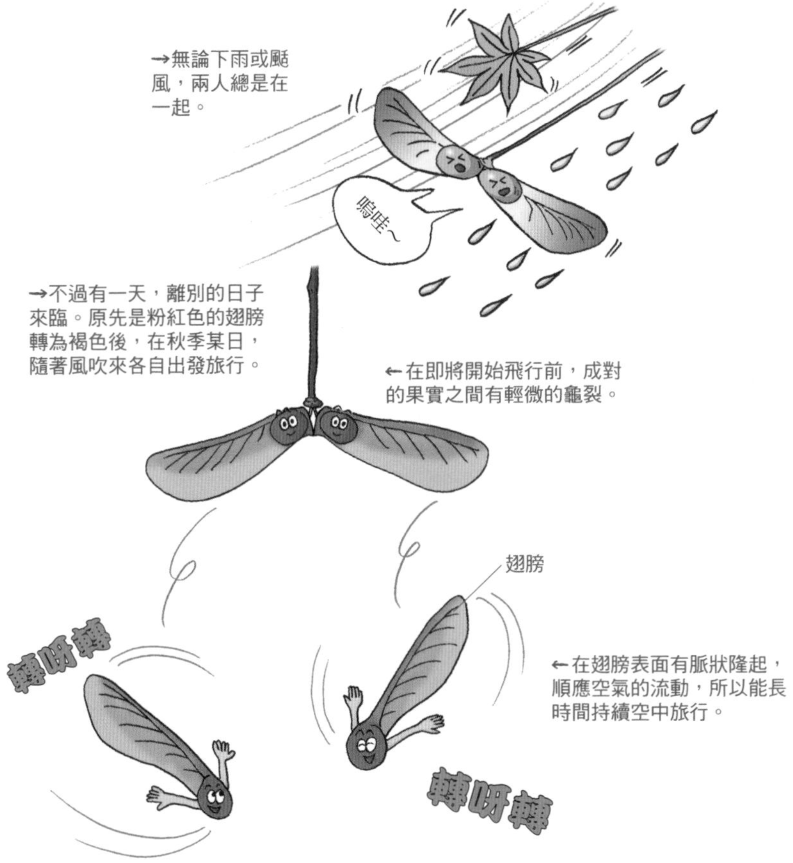
→無論下雨或颱風，兩人總是在一起。
嗚哇～
→不過有一天，離別的日子來臨。原先是粉紅色的翅膀轉為褐色後，在秋季某日，隨著風吹來各自出發旅行。
←在即將開始飛行前，成對的果實之間有輕微的龜裂。
翅膀
轉呀轉
←在翅膀表面有脈狀隆起，順應空氣的流動，所以能長時間持續空中旅行。
轉呀轉

槭樹的果實就像是感情要好的雙胞胎。從一朵花長出一對翅果，對稱地附在枝頭。翅膀在開花後伸出，嬰兒時期的果實也很可愛。掌葉槭的兩片果實水平附在枝頭，令人聯想到竹蜻蜓。

在秋季紅葉的時節，雙胞胎果實正忙著準備旅行。在果實內精心培育的種子成熟後，翅膀變得乾燥並且輕盈堅韌。雙胞胎果實告別的時刻接近了，接下來是獨自的冒險旅行。果實之間出現裂隙，陣陣風吹帶走種子，來吧，出發囉！

單片的螺旋翼邊轉圈圈邊緩緩降落，如果乘著風就能飛到遠處。在翅膀表面有平行的脈狀隆起，可以順應空氣的流動，形成上升的力量，有助於長時間穩定飛行。

轉呀轉繞圈圈

槭屬果實與種子一覽

實物尺寸

槭屬樹木的親戚們，都會孕育出成對的螺旋翼型果實。秋季時果實成熟，風一吹就一顆顆逐漸飛離枝頭。作為螺旋翼的翅膀，有著線條狀的隆起，就像蜻蜓的翅膀一樣，可以調整空氣的氣流，形成上升的力量。

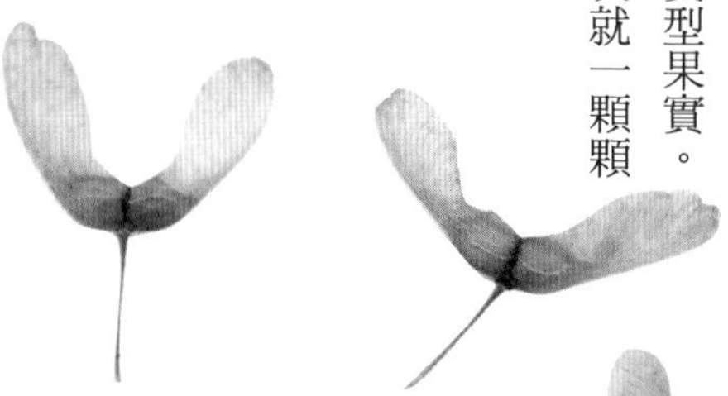

山楓＊
翅果的角度約九十度。
也種植在庭院裡。

三手楓＊
附兩片平行的翅果，果實與種子都呈細長型。

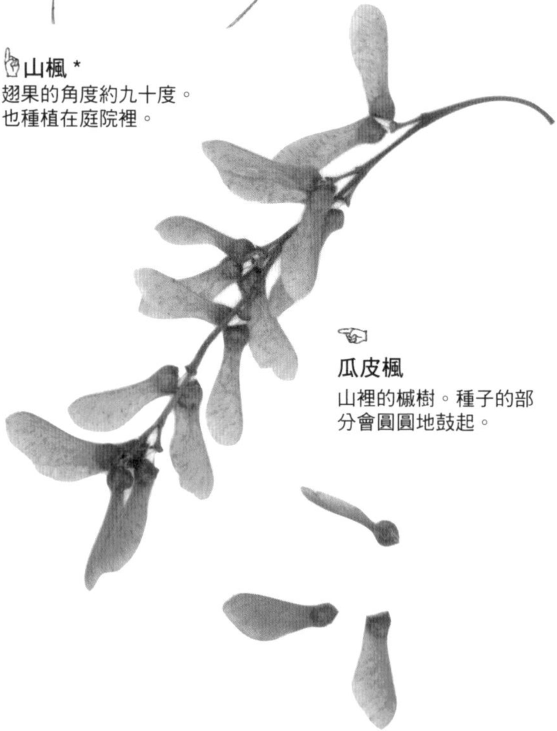

瓜皮楓
山裡的槭樹。種子的部分會圓圓地鼓起。

我可是脈絡分明喲！

五角楓
種子的部分較平坦，整體的隆起很明顯。

毛果槭
葉子的形狀不像，但的確是槭樹。
秋季時轉為紅葉非常美麗。

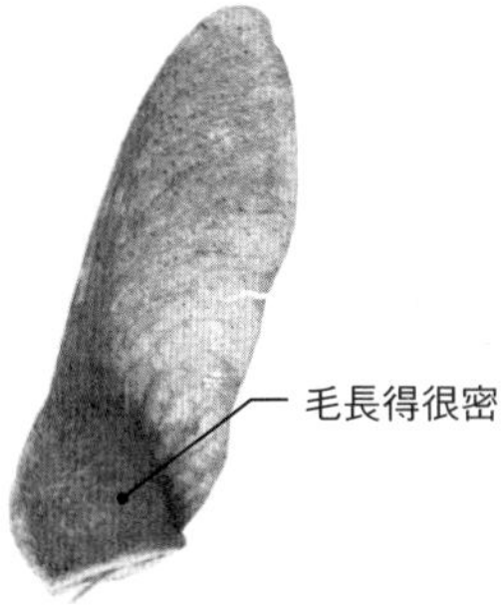

大片的翅果，頭也很大。整體的毛很長。

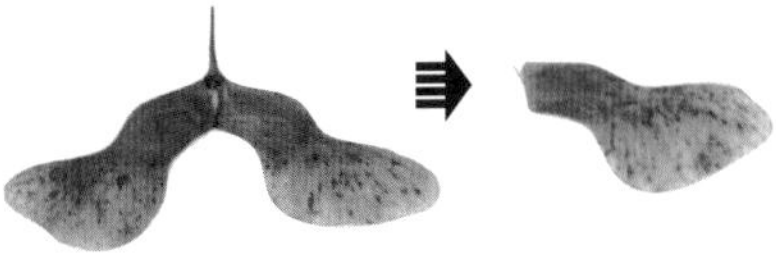

瓜楓＊
果實無毛，翅膀的部分大大地擴展開來。

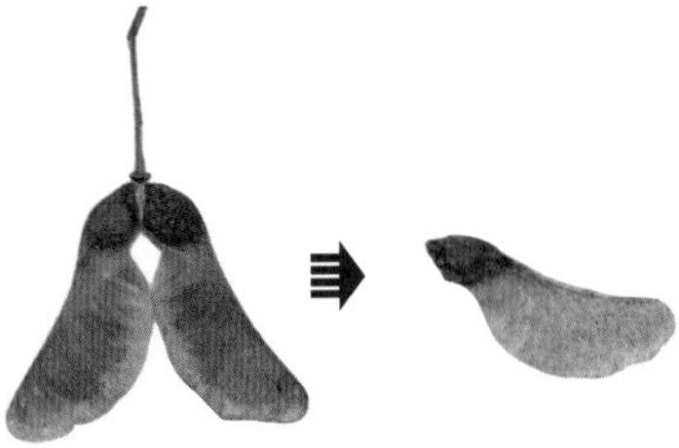

三角楓
行道樹與公園裡的槭樹。種子的部分連接著翅膀。

槭樹的新芽

前方的芽是毛果槭，後方小株的是掌葉槭的芽。

梶楓＊
山裡的楓樹。有大型的翅果，長著黃褐色的硬毛。

掌葉槭
小型翅果，幾乎水平地成對展開。

＊編註：為日文漢字和名沿用。

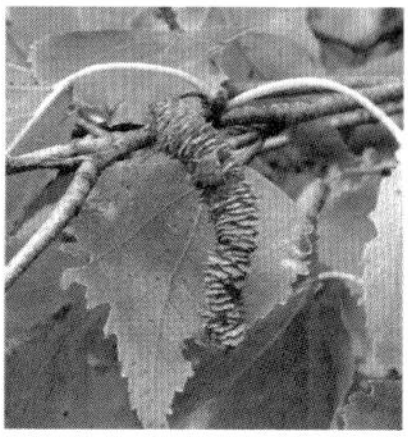

落葉闊葉樹
蟲媒花（雄花序與雌花序）

白樺

Betula platyphylla

Family: 樺木科 | Genus: 樺木屬

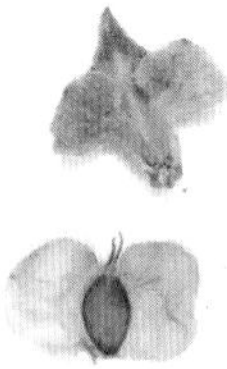

風散佈・果實、翅膀（果實）
翅果、圓柱狀的果序

小鳥和蝴蝶的微風輪旋曲

NO. 12

PROFILE

出生地	日本
住處	山地與高原、公園
誕生月	4～5月
成人時期	8～10月
身高	1mm（種子） 3mm（翅果）

食 藥 染 觀 遊 他

種植作為行道樹。早春的樹液可以製作糖漿。樹皮含有美白成分。

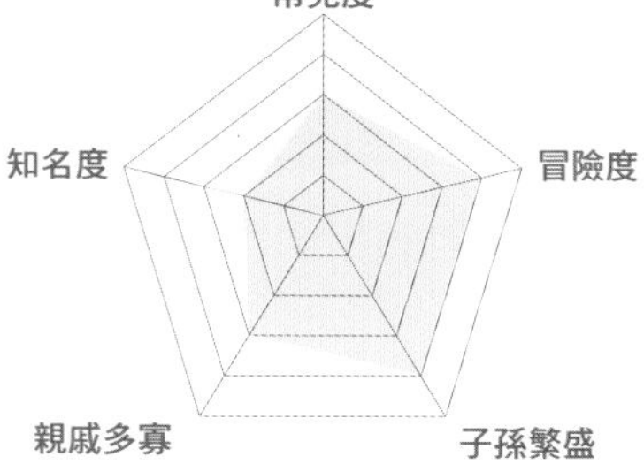

↓蝴蝶型的種子飛往新天地。白樺會在新的空地率先建立樹林。

↓果穗由果鱗及種子密集地排在一起形成。

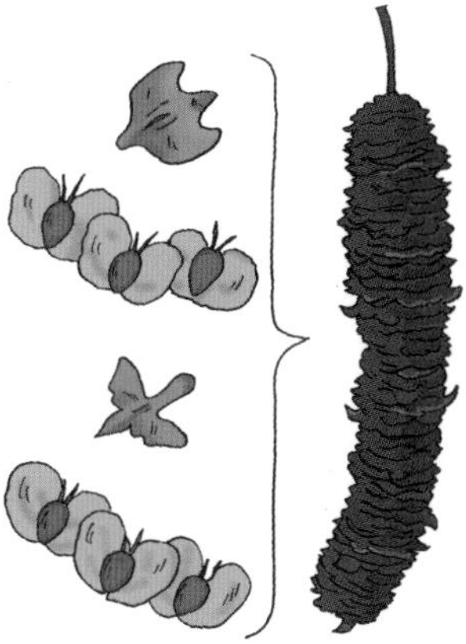

↑在一枚果鱗上有三片種子疊在一起，像層層相疊的三明治一樣長長垂下。

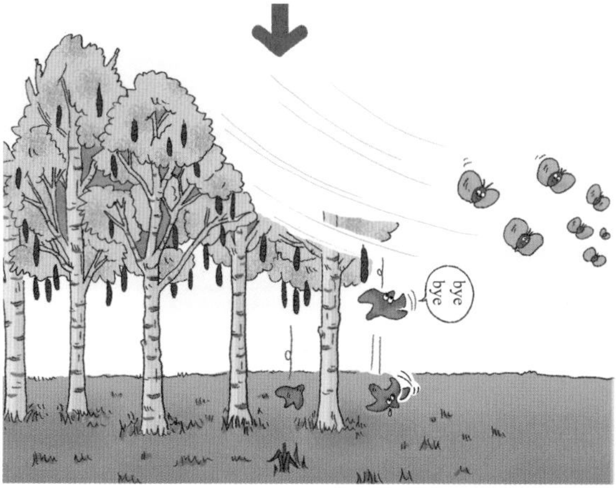

←果鱗目送著起飛後的種子，任務結束後就落地。

白樺是高原的先驅植物。在明亮的地方會一起迅速生長，通常形成純林。每年會產生許多種子，但是種子的壽命很短。

白樺從來不會等待沉睡的土地釋出機會，而是每年藉著大範圍散佈種子，提高成功率。

白樺的花在春天綻放。雄花會散佈大量花粉，成為造成花粉症的原因。雌花會形成粗的圓柱狀果序，由許多果鱗（鱗片狀的硬葉）與種子緻密疊合而成。

秋季時果穗在空中分解，分成果鱗與種子。果鱗的形狀就像展開翅膀的小鳥。種子在兩側展開薄翅彷彿蝴蝶，雌蕊的痕跡看起來像觸角。

白樺的一個果穗約有五百個種子，在秋天輕盈地展開飛行，朝著新天地出發。

落葉闊葉樹
風媒花（雄花與雌花）

櫸

Zelkova serrata

Family: 榆科　Genus: 櫸屬

風散佈・果實、翼（枯葉）
瘦果、連著枝枒散落

展開葉子的翅膀 護送果實飛吧

→在靠近葉片基部的地方生長著單顆果實。仔細看有柔軟的毛覆蓋，感覺很容易親近。

NO. 13

PROFILE

出生地	日本
住處	山野或公園、街道
誕生月	4月
成人時期	11～12月
身高	3mm（瘦果）／ 5～10cm（含瘦果的枝葉）

食 藥 染 觀 遊 他　樹形美觀，所以多半種植在街道或公園。木材適合製作高級家具。

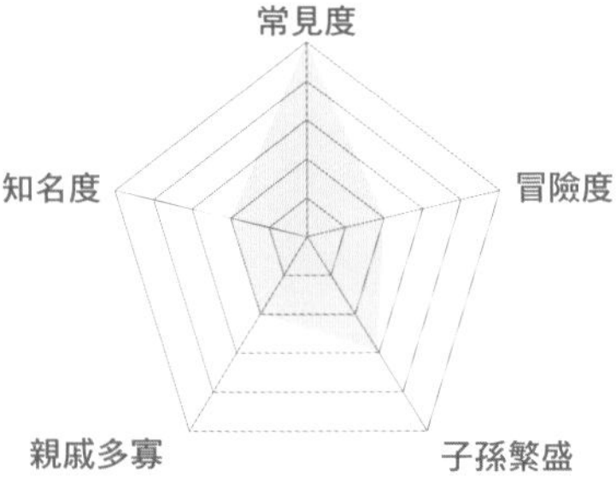

↑秋季時果實默默地成熟了。當晚秋初冬颳起冷風時，整截枝葉會在空中飛舞。

↑櫸可長到二十五公尺高，算是大樹，經常種植作為行道樹。

→於是，櫸的枝葉就這樣悄悄地降落在你的腳下。

櫸的樹形是掃帚形，形成美麗的林蔭街道。說起櫸，雖然大家都知道，可是櫸的花跟果實，恐怕沒什麼人注意過吧!?

在春季冒出新芽的時期，枝頭末梢綻放小小的花。既沒有花瓣也沒有香味，是不顯眼的綠色風媒花。有雄花與雌花，在每片葉子基部各有一朵雌花，將會結成果實，在秋季不顯眼地成熟。

讓我們去落葉滿地的步道尋找櫸的果實吧。櫸的果實混在落葉中，如果撿起還帶有幾枚小葉的櫸枯枝，你看，在葉片的基部不是有直徑三公釐，好像有點歪的硬顆粒？

那就是櫸的果實。既然沒有翅膀或棉絮，就連枝帶葉地散佈種子，讓枯葉代替翅膀。在晚秋初冬的寒風中，翻飛旋轉。你看，櫸的小樹枝正在飛呢。

行道樹的果實觀察

在行道樹中，有許多樹木也會結實。即使在走慣了的人行道上，只要試著觀察平常沒有抬頭注意的樹梢，就會有新發現。在颳起大風後的翌日，你看，說不定就有來自樹木的禮物，滾落到你的腳邊。

北美鵝掌楸

木蘭科

原產於北美洲。葉子的形狀很有趣，彷彿就像攤開的T恤或半纏和服外套。在冬季時結出鬱金香花形的集合果，看起來就像乾燥花。種子有翅膀，會一片片旋轉飄落。

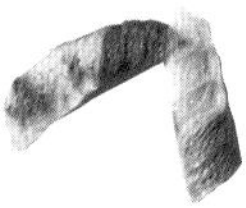

連香樹

連香樹科

日本特有種植物。心型的葉子到了秋天會泛黃。連香樹分成雌株與雄株，裂開前的果實形狀像香蕉。種子附帶感覺像四方形的翅膀，隨風飛行。

日本七葉樹

無患子科（詳140頁）

日本特有種。種子含澱粉，從繩文時代*開始作為食物。像高爾夫球的圓形果實會成串結實。在一顆果實裡會有一兩個種子。種子很大粒，乍看之下像栗子。

櫸

榆科（詳50頁）

日本原生的高大樹木，經常種植作為行道樹，在東京的街道旁很容易看到。附帶著果實的枝枒會整截掉落，由幾片葉子代替翅膀，讓樹枝飄飛到遠處。當你在掃落葉時，可以試著稍微觀察一下喔。

*編註：繩文時代約公元前一三〇〇〇～公元前四〇〇年。

北美楓香

金縷梅科

北美州原產，在大正時期*傳入日本。集合果又硬又堅固，通常用於聖誕節裝飾等用途。到秋季會轉為紅葉，與槭樹相似。種子附有翅膀。

楓香

金縷梅科

原產於中國，在江戶時期*引進日本。會結出由多個果實聚集的集合果。秋季時，這些果實會形成開口，散佈種子。種子散出後留下集合果的殼。突起的部分是老化的雌蕊柱頭，比北美楓香細，容易折斷。

英國梧桐

懸鈴木科

法國梧桐與美國梧桐的雜交種，又稱為二球懸鈴木，種植於各地。有一到三顆果實垂吊下來，樹皮顏色濃淡不均，並且有剝落的白色部分。種子的突起是雌蕊柱頭留下的痕跡，比法國梧桐稍微短一點。

法國梧桐

懸鈴木科

歐洲原生的行道樹，會結出含許多種子的球狀集合果。當種子的絨毛像降落傘般展開，隨風飄散，種子也將隨後掉落。法國梧桐的特徵是有二到七顆果實連在一起。

槐樹

豆科（詳200頁）

原產於中國，槐樹的羽狀複葉形成的林蔭很涼爽，夏天時會開白色的花。豆莢瘦長像念珠一樣串連，過了十一月就變得半透明，看得見種子。栗耳短腳鵯等鳥類吃了果實後，會將種子帶到別處。

水杉

柏科

原產於中國的針葉樹，它是著名的「活化石」。果實的形狀像櫻桃，不過是毬果，跟松果一樣，在鱗片的縫隙間有種子。種子附平坦的翅膀，會隨風飛行。

*編註：江戶時期為公元一六〇三～一八六七年；大正時期為公元一九一二～一九二六年。

落葉闊葉樹（半寄生植物）
蟲媒花（雌雄異株）

米面蓊

Buckleya lanceolata

Family: 檀香科 | Genus: 米面蓊屬

風散佈．果實、翅膀（苞）
瘦果、四枚翅膀

咻咻咻—

自然的傑作 最會旋轉的種子

NO. 14

PROFILE

出生地	日本
住處	山脊
誕生月	4～5月
成人時期	10～11月
身高	10mm（瘦果）／ 3～4cm（含翅膀在內的瘦果）

食 藥 染 觀 遊 他

鮮嫩的果實用鹽醃漬後，是獨特的美味食材。果實的形狀很有趣，有時會被誤認為茶花。

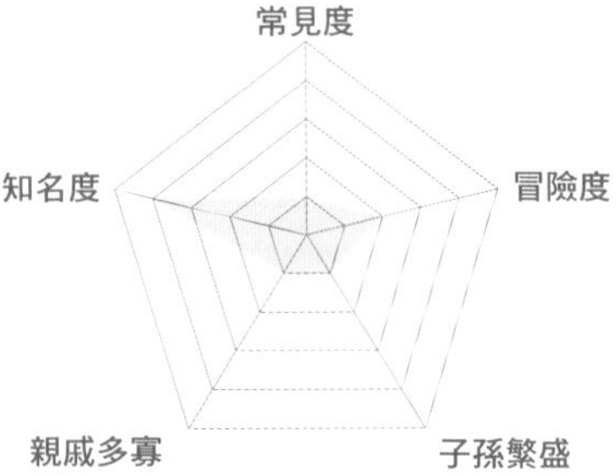
常見度
冒險度
子孫繁盛
親戚多寡
知名度

→寄生的對象有冷杉、鐵杉、槭樹、杉樹、檜木、馬醉木、四照花、紫莖等樹木。不拘於特定對象，都可以寄生。

↓雌雄異株，花朵本身不起眼，不過還是要藉由昆蟲運送花粉。

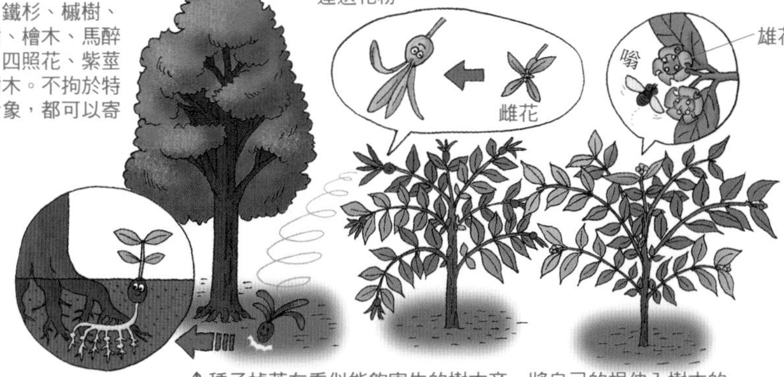
雌花
嗡
雄花

↑種子掉落在看似能夠寄生的樹木旁。將自己的根伸入樹木的根，藉機吸收營養。

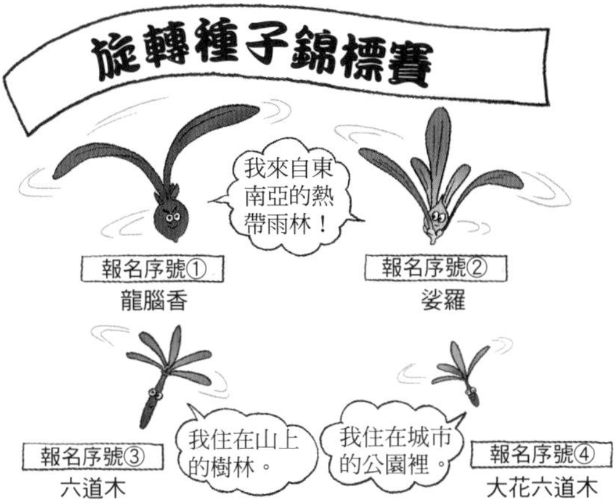
旋轉種子錦標賽
我來自東南亞的熱帶雨林！
報名序號①
龍腦香
報名序號②
娑羅
報名序號③
六道木
我住在山上的樹林。
我住在城市的公園裡。
報名序號④
大花六道木

↘附羽毛的球，其實是無患子的種子。

↑跟板羽球的毽子很像。

正月時的「板羽球」，是用羽子板互擊毽子的傳統遊戲，毽子是在無患子的種子附上鳥類羽毛。

無患子的種子跟鳥羽很搭。在橢圓形的果實裝上四根羽毛，旋轉著在空中飛行。

米面蓊看起來像普通的植物，其實是在地下將寄生根插入其他植物，榨取營養的寄生植物。

一般寄生植物的種子都很微小，米面蓊的種子卻很大。種子發芽伸展綠葉，伸根尋找寄生的對象。光靠種子本身的營養就能單獨存活一年，如果過了這段期間還找不到寄生的對象，就會枯萎。為了安然度過順利寄生前的這段時間，種子長得很大顆。

由於米面蓊是雌雄異株，在雌株上有四枚花苞綻放出不顯眼的花。從這些花苞將孕育出美麗的果實。

珠芽與未成熟的果實

蔓性多年生草本
蟲媒花（雌雄異株）

別名：薄葉野山藥

日本薯蕷

Dioscorea japonica

Family: 薯蕷科 | Genus: 薯蕷屬

果實與種子

風散佈・種子、翼（種子）
蒴果、裂成三瓣

圓盤型的滑翔翼 空中緩速飛行

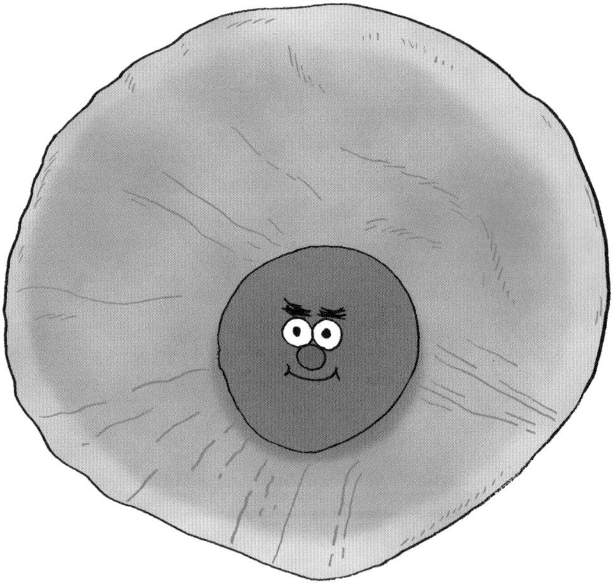

NO. 15

PROFILE

出生地	日本
住處	山野或森林、草叢
誕生月	7～8月
成人時期	10～11月
身高	4mm（種子）／15mm（含翅膀在內的種子）／2cm（果實）

食 藥 染 觀 遊 他 果實的殼可以製作乾燥花。珠芽與山藥可以當作食材。

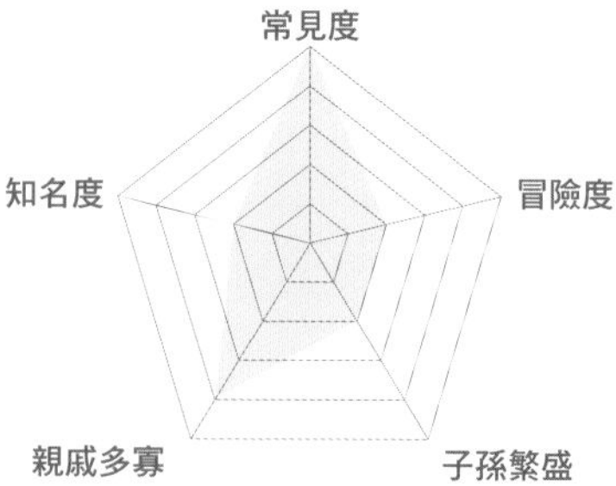

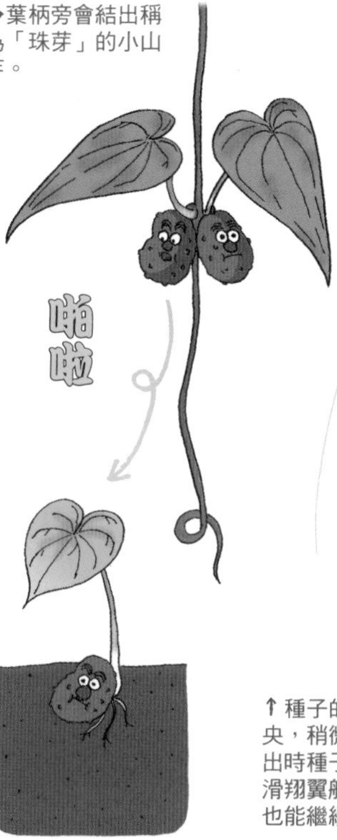

→葉柄旁會結出稱為「珠芽」的小山芋。

↑珠芽也會發芽，繁殖自己。

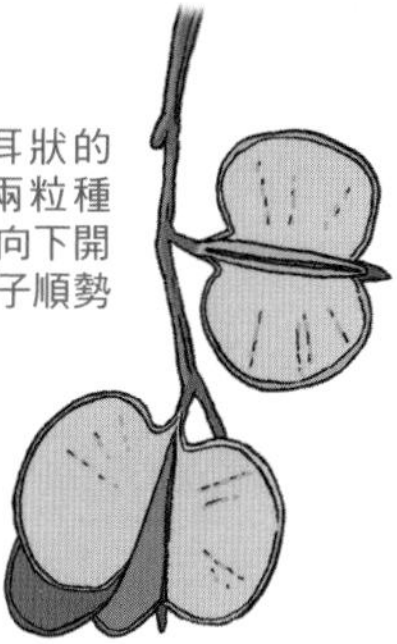

→果實展開三片耳狀的部分，其中各有兩粒種子。果實成熟後會向下開口，讓圓盤形的種子順勢滑出。

↑種子飛出後，剩下乾燥的果皮垂吊著。乾果夾串閃耀著金色的光，看起來很美，可以直接當作乾燥花。

↑種子的位置不在翅膀正中央，稍微有點偏。因此在滑出時種子會緩緩地旋轉，像滑翔翼般前進。就算無風時也能繼續滑翔，相當精巧。

↓日本薯蕷的根，就是大家所熟悉的山藥。由於形狀細長，挖掘很費工夫。

高價的山藥泥就是用這種薯蕷磨成。它是山野的藤蔓植物，長在葉柄旁的「珠芽」也是秋季的珍味。

珠芽不是果實，而是從莖的組織變化為塊莖狀，所以落在地面上會長出根與芽。子株是親株的複製品，在周圍增生。

日本薯蕷不會開花。分成雄株與雌株，藉由蟲運送花粉，讓雌株的花結實。果實有三處耳狀的突出，裡面各有兩個種子。果實成熟後會向下開口，讓種子一個個滑落。種子是有薄膜伸展的圓盤狀，緩緩地旋轉並在空中滑翔。無風時也能飛行，是滑翔翼般的種子。

利用珠芽與種子的雙重戰略，讓自己的分身分佈在身邊、有不同基因的種子飛往遠處。不屈不撓又周全，這正是日本薯蕷特有的繁殖策略。

常綠針葉樹
風媒花（雄花與雌花）

赤松

Pinus densiflora

Family: 松科 | Genus: 松屬

風散佈・種子、種翅
毬果（松果）

打開鱗片飛出有翅膀的種子

→在出發的日子與伙伴告別，旋轉著飛走。

NO. 16

PROFILE

出生地	日本
住處	山野、庭院與公園
誕生月	4月
成人時期	6月
身高	5mm（種子）／2cm（含翅膀在內的種子）／5cm（毬果）

食 藥 染 觀 遊 他 種植作為庭院的樹木。毬果（松果）可運用在聖誕節裝飾等用途。

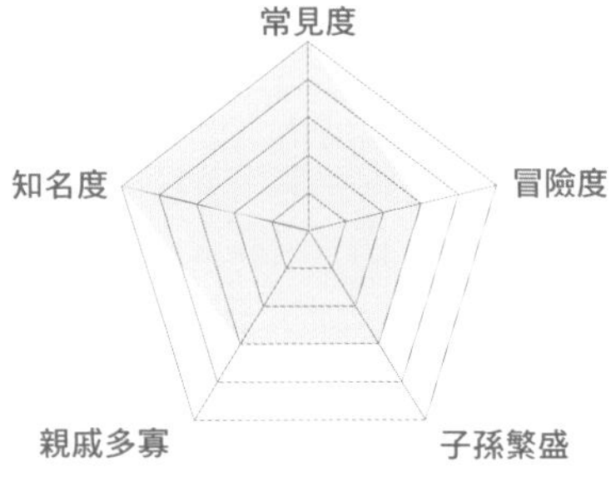

啜泣

↗下雨天鱗片會閉合，等適合出發的晴天再張開。

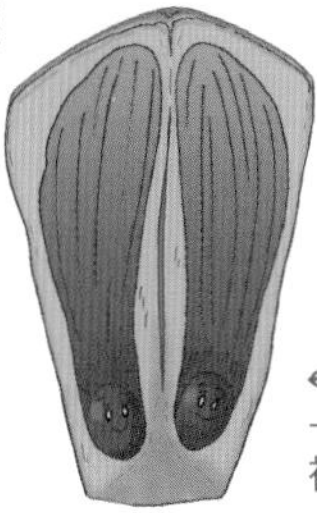

←兩人睡在同一瓣鱗片的床裡。

嬰兒時期的松果
當了媽媽的松果
變成老奶奶的松果

↑在一根枝枒上同住著三代。

「森林裡的炸蝦」

←松鼠會剝開綠色的鱗片，吃掉松子。只留下松果軸心的部分，看起來就像炸蝦。

松樹類每年會結出松果（亦稱松塔、毬果、球果）。有許多鱗片圍繞著松果的軸心，每個鱗片附有兩粒種子。

赤松與黑松的松果在開花後經過一年半成熟。在晴朗的秋日，樹上的松果張開鱗片，附有翅膀的種子飛出。種子以驚人的快速度旋轉，輕輕地乘風飛向遠處。

在種子不適合飛行的雨天，松果緊閉著，具有乾燥時張開，潮濕時閉合的特性。

松鼠與鼯鼠會吃松果裡的種子，鼯鼠的吃法有點雜亂無章，啃到一半就扔掉了。松鼠會仔細地把鱗片啃下來品嚐松子，最後剩下松果的軸心，彷彿「森林裡的炸蝦」般，也是豐饒自然的象徵。

世界上會飛的種子

一圈圈旋轉的種子，在緩緩降落時隨著風吹移動。生長在東南亞熱帶雨林的龍腦香科樹木，可長到五十至八十公尺，遠高於其他樹木。種子有兩枚或五枚大片翅膀，會從高處的枝頭旋轉落下。

跟槭樹的單翅型種子相比，附翅膀的種子更能負重搬運。從大型的種子會長出粗壯的芽，有利於在陰暗的樹林下生長。

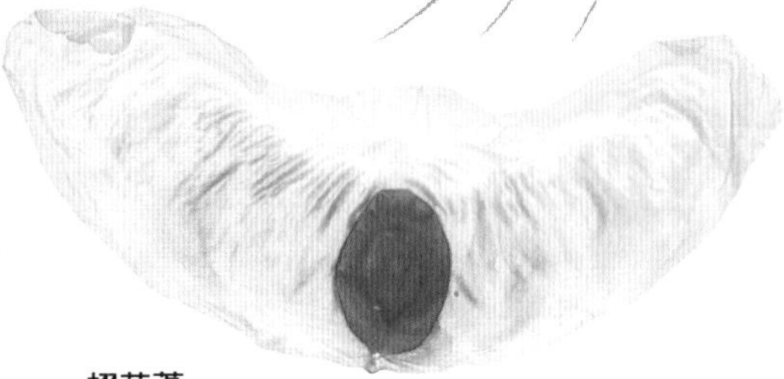

翅葫蘆

瓜科

Alsomitra macrocarpa

著名的巨大滑翔型種子。藉著薄膜般的翅膀，能夠滑翔一百公尺遠，相當驚人！

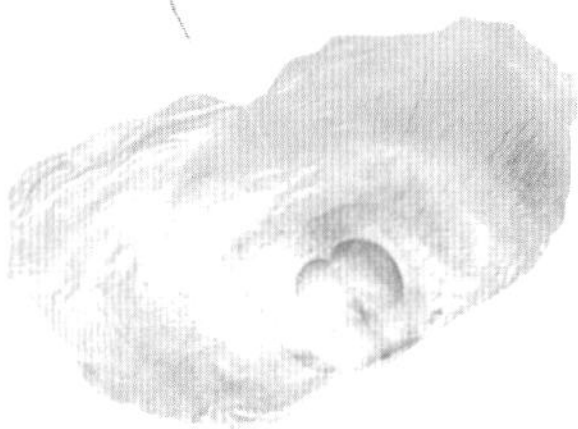

木蝴蝶

紫葳科

Oroxylum indicum

跟翅葫蘆是同一種類型，會滑空飛到遠處。

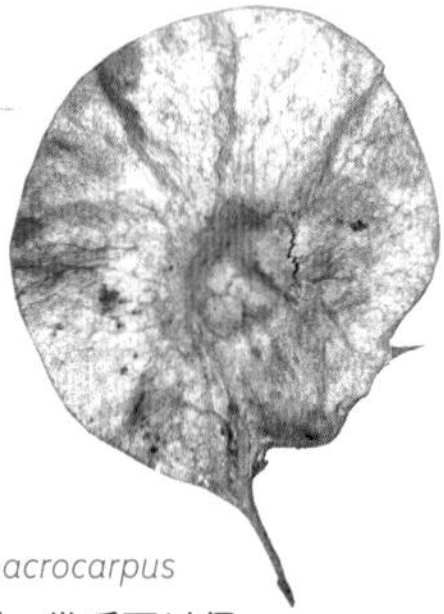

大果紫檀

豆科

Pterocarpus macrocarpus

豆莢是圓盤型，幾乎可以保持水平地滑空。

奧氏黃檀

豆科

Dalbergia oliveri

飛行的方式跟臭椿相似，邊橫向旋轉落下。

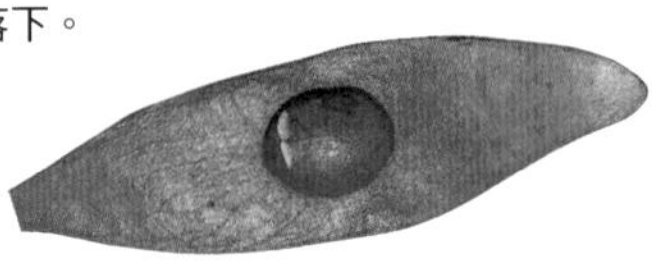

　　有的種子經過精巧的設計，在密林中就算沒有風也能飛翔，那就是翅葫蘆。從向下開口的果實，會飄出一片片載著種子的薄膜狀滑翔翼，在空中滑行。

　　會飛的翅葫蘆種子，滑空比是四比一，也就是每下降一公尺，就會滑翔四公尺遠。如果從二十五公尺高的地方落下，計算起來可以飛行一百公尺。

　　在熱帶還可以看到許多種子，以各式各樣的形態飛行。它們究竟怎麼飛呢？請試著從形狀想像吧。

緬紅漆
漆樹科
Gluta usitata
種子會旋轉著落下，形狀就像附羽毛的毽子。

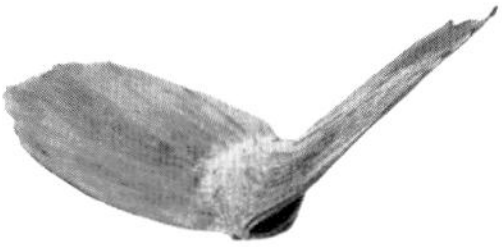

馬尼拉欖仁樹
使君子科
Terminalia calamansanai
展翅飛行就像鳥一樣，在泰文中稱為「小鳥」。

鈍葉龍腦香
龍腦香科
Dipterocarpus obtusifolius
有兩片螺旋翼，種子會不斷地旋轉。樹木結果時，由圓形的部分連在枝頭，然後藉由種子屁股後的螺旋翼飛走。

顯脈密花豆
豆科
Spatholobus parviflorus
豆莢變成翅膀，邊旋轉邊落下。

專欄二

倒地鈴，氣球般的果實起飛了

倒地鈴是原產於印度到非洲之間的無患子科蔓性植物。像氣球般膨脹的果實很可愛，人們經常種植在庭院。

果實的內部分隔成三個房間，每個房間有一粒種子，合計共有三粒種子。成熟的果實轉為褐色，變得又乾又輕，受到風吹就掉落，在地上滾動。種子從破裂的果實散出，呈現黑底白色心型的可愛模樣。如果畫上眼睛鼻子，看起來就像猿猴的臉。

這塊心型的部分，正是種子剛生長時「肚臍」的痕跡。從這個部分與身為媽媽的植株相連，獲得養分。這正是對母親充滿感激之情的形狀吧。

像氣球般鼓起的果實。倒地鈴也是很受歡迎的牆面綠化植物。

倒地鈴的種子。從白色心型的部分吸收營養。

第三章

細粒狀的種子

這類種子的顆粒像芥子般大小，儘管沒有絨毛或翅膀，也會隨風飛散。如果像灰塵般輕盈，只要乘著一點氣流就能飄浮。雖然輕巧便於移動，但是微小的種子能儲存的養分少，也是一種限制。

多年生草本（全寄生植物）
蟲媒花

別名：土地公拐

野菰

Aeginetia indica

Family: 列當科 | Genus: 野菰屬

風散佈・種子、微細蒴果、不規則地破裂

寄生植物 餓了就偷吃的種子

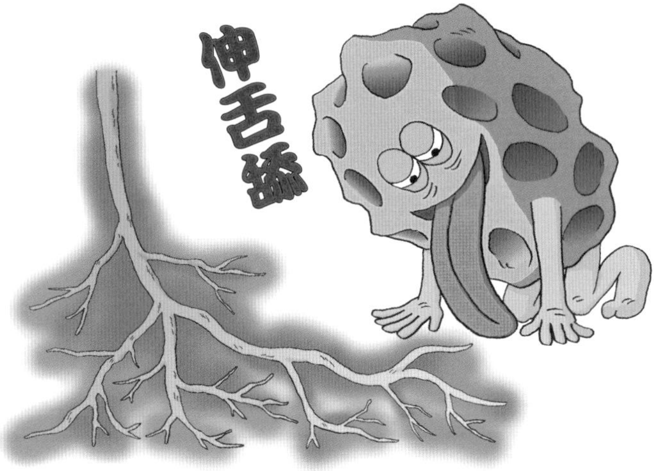

NO. 17

PROFILE

出生地	日本
住處	山野的草叢
誕生月	7～9月
成人時期	9～10月
身高	0.25mm（種子） 3.5cm（果實）
食 藥 染 觀 遊 他	花朵可供觀賞、作為俳句的題材。藉由散佈種子生長，是山裡的野草。

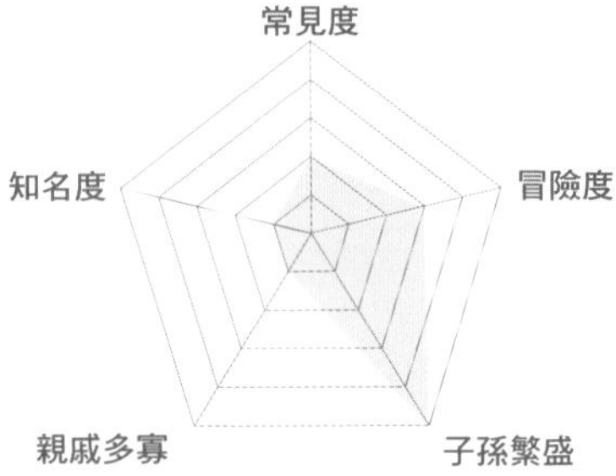

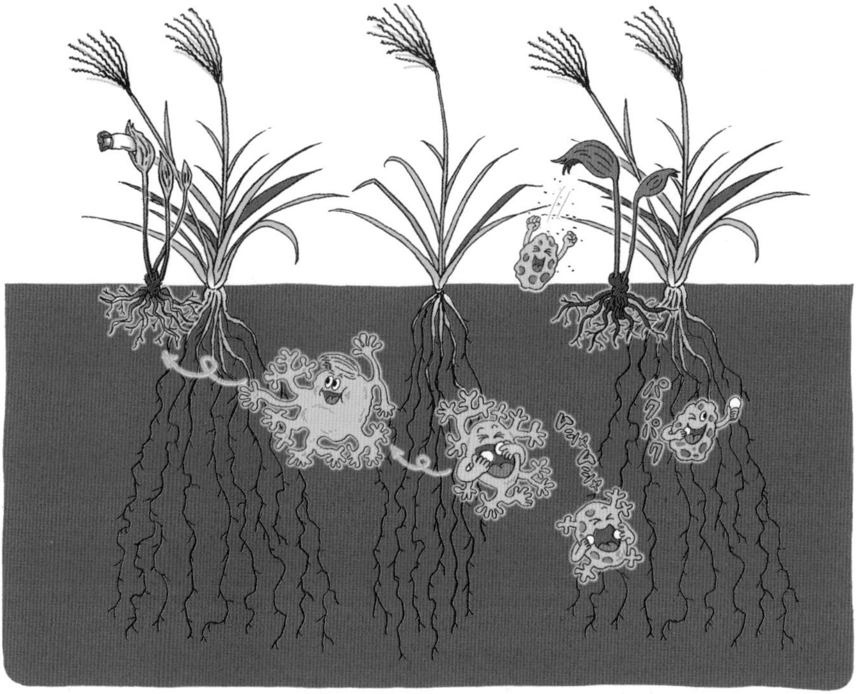

↑列當科的植物幾乎都是寄生植物，其中有些對農作物而言是害草。據說野菰在東南亞也對甘蔗造成威脅。

↑落在地面的野菰種子，受到芒草根部的分泌物刺激會發芽。在發芽的同時，野菰也開始寄生、成長。它也會寄生於茗荷。

到了秋天，野菰悄悄地靠近芒草根部，低頭綻放粉紅色的花。不過，野菰雖然是植物，卻不會行光合作用，只能在看不見的地下吸取芒草儲存的糖分。嗯——，它明明看起來一副很可愛的樣子，竟然會做這種事呀。

野菰的果實在枯萎變黑的花瓣中成熟，果皮破裂後，據說多達數萬到數十萬顆的種子會隨風飄散。種子的長徑是〇．二公釐，像灰塵般微小輕盈，即使沒有翅膀也能飛。

一般的植物為了讓種子發芽成長，會在種子裡填滿必需的養分。不過以野菰的例子來看，是從芒草根部滲出的物質導致種子發芽，在種子發芽的同時也開始寄生。所以它不需要準備「便當」，而是讓種子長得很小，藉由龐大的數量增加找到宿主的機會。

多年生草本
蟲媒花

白及

Bletilla striata

Family: 蘭科 | Genus: 白及屬

風散佈・種子、微細
蒴果、果實帶有裂痕

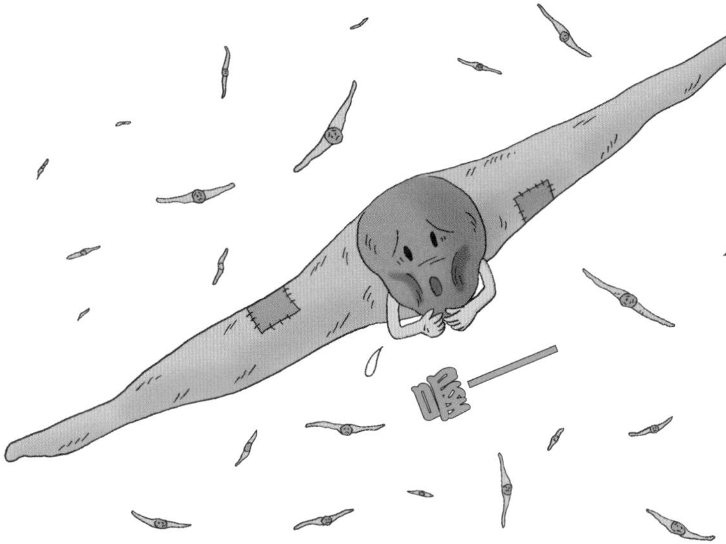

蘭花家族也有小孩眾多的窮苦人家

NO. 18

PROFILE

出生地	日本
住處	公園與庭院（野生的很罕見）
誕生月	5月
成人時期	11～1月
身高	1.5mm（包含翅膀在內的種子） 6cm（果實）

食 藥 染 觀 遊 他　花栽培作為觀賞用。熟果可以當作花材，根莖能提供藥用。

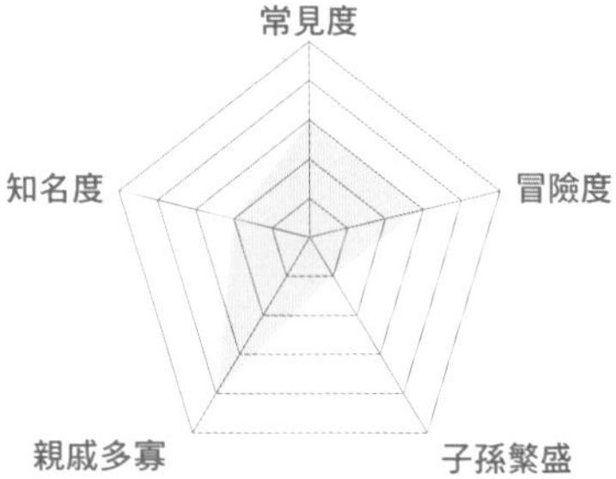

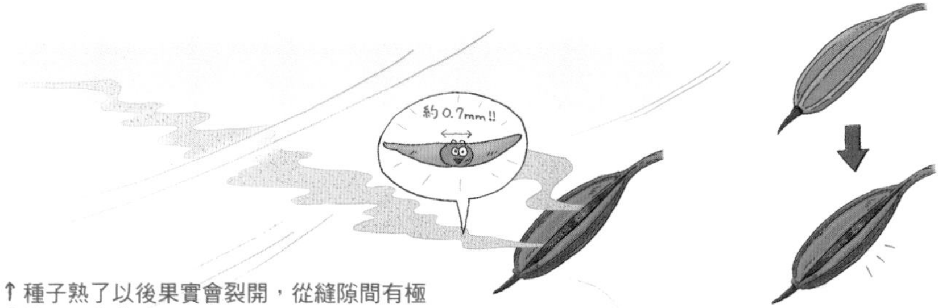

↑種子熟了以後果實會裂開，從縫隙間有極小的種子掉落。

↑種子的大小約〇.七公釐。輕盈的身體附帶著翅膀，柔軟地飄浮在空中。

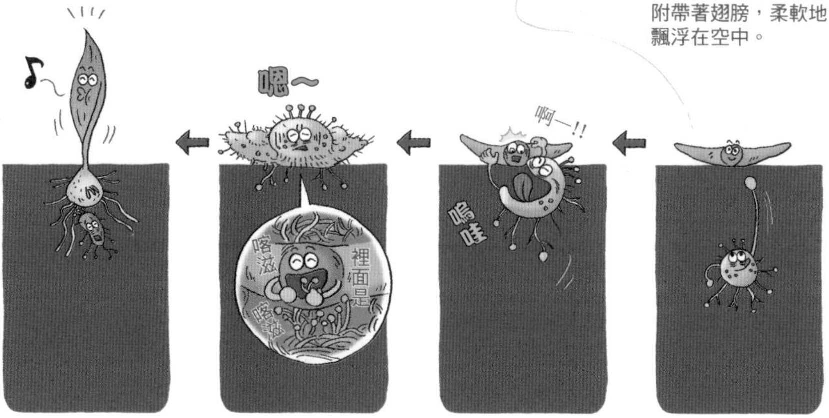

↑菌類會伸出菌絲，接近降落在地上的白及種子，

↑它本來準備「要開動了！」張口把種子吃掉。但是……

↑沒想到自己的營養反而被白及奪走，可憐的菌類。

↑白及假裝什麼都沒發生，繼續生長。

白及是日本原生的美麗植物。目前在山野已經很少見，不過在庭院或公園還是有一些會順利結出果實。

果實的長度約五公分左右，呈現細長的膠囊型。裡面裝著什麼？切開來一看，哇！真令人吃驚，彷彿警示燈亮起的吸塵器，塵埃般塞得滿滿的。

蘭花的種子重量在〇．〇一毫克以下，是所有植物中最小最輕的。像灰塵般細微的種子，只要空氣稍有流動，就會如塵埃般飄浮。種子雖然很小，數量卻很多，一顆果實所包含的種子有數萬到數十萬個。到了晚秋，果實會打開縫隙，讓無數的種子在空中飛舞。

細微的種子裡無法儲存養分。蘭花的種子甚至無法靠自己發芽，必須藉由土壤中的蘭菌提供營養，才會發芽、成長。

大顆的種子

日本七葉樹（無患子科）

長約三公分，一顆的重量是六到二十五公克。裝滿澱粉的種子，由老鼠或松鼠搬運。

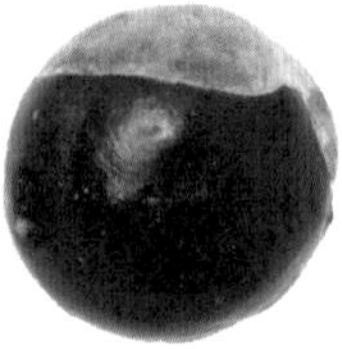

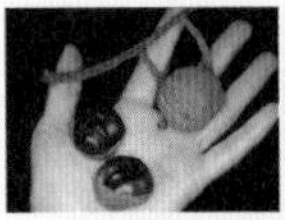

放在手掌心的日本七葉樹的種子與果實。果實的直徑約五公分，像高爾夫球大。

東瀛珊瑚（山茱萸科）

果實長一. 八公分，種子大約是一. 三公分。鳥喙較大的栗耳短腳鵯可以一口吞下種實。

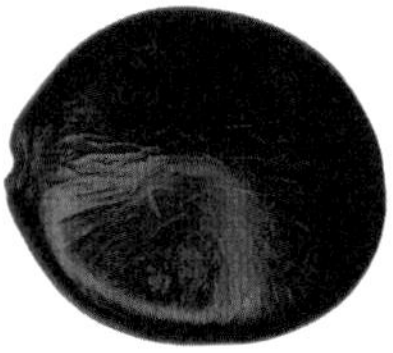

榼藤子（豆科）

在海流間漂浮，送到別處。它是世界上最大的豆子，直徑最寬達七公分。

蒙古櫟（殼斗科）

長二到三公分。「橡實」是堅果，裡面有種子。

沖繩白背櫟（殼斗科）

著名的「日本最大橡實」。全長約三. 五公分。

專欄三

種子的數量與大小成反比

隨著植物種類不同，種子的數量與大小也有很大的差異。譬如日本七葉樹（140頁）的大顆種子，與蘭花無數細微的種子，在重量上可說差了一百萬倍。

一般來說，種子製造得越多散佈的可能越廣，也越有利。不過數量增加後，就不得不讓每顆種子都變得小小的，發芽的機率也降低了。話雖如此，如果種子長得大顆，也會產生數量有限、移動不方便的問題。關於種子的數量與大小，對植物來說是互為矛盾的課題。

如果剛開始生長時，處於嚴苛的環境，種子的大小就變得特別重要。譬如發芽時不易獲得充分日照的植物，跟長在明亮地方的植物相比，一般來說種子會長得比較大。那是作為媽媽的植物想為種子準備充足的便當。譬如東瀛珊瑚（172頁）與麥門冬（190頁）就是其中的例子。

相反地，數量繁多的種子，則是偶然間落在空地上就成功了。像野茼蒿等空地上的雜草，

小粒的種子

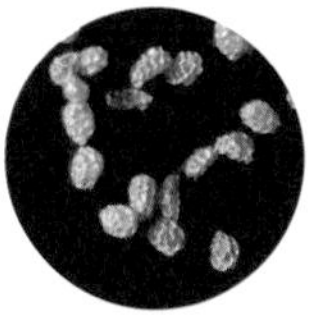

種子上有網眼狀的紋路。全長約〇．二公釐。

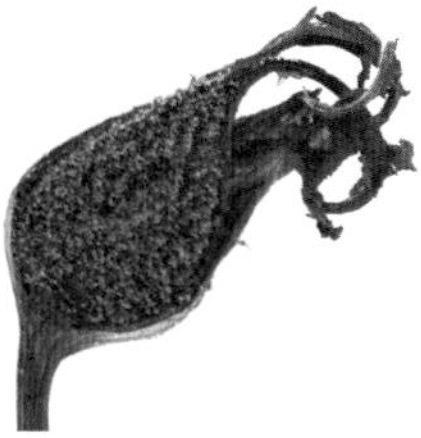

筆龍膽（龍膽科）

在春天綻放的龍膽。藉著雨滴散佈，當果實成熟時會張開口，讓雨滴彈出種子。

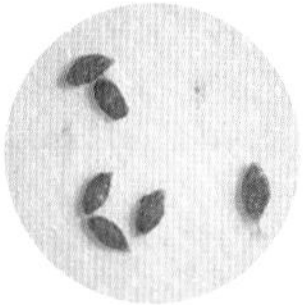

紡錘形的種子，長度約〇．二公釐。

野菰

（列當科）

屬於寄生植物。當塞滿種子的果實成熟後，果皮會破碎，種子會隨風飛散。照片是果實的剖面。

泛亞上鬚蘭（蘭科）

它沒有葉綠體，寄生在菌類中。細微的種子會隨風飄散。

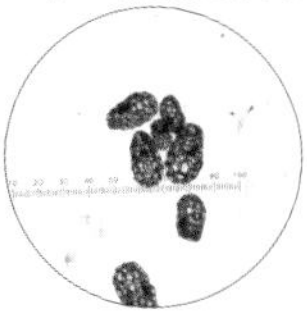

種子的長度約〇．二公釐，透過尺可看到的深色部分是胚。

藉著在面積廣大的土地上散佈種子，彷彿抽籤一樣等待機會。這樣的種子也會休眠。如果運氣好置身在明亮的場所，種子立刻就會接受光照開始成長。

有些植物會製造極端大顆的種子，這也包含了其他因素。依賴儲食散佈的日本七葉樹、橡實類除了配合森林裡的環境，或許也因為大顆的種子更能吸引動物，比較容易被搬走，所以朝大型化的方向發展。

水散佈型的種子體積都很大，除了要利用水的力量解決移動的難題，也因為大型的種子比較不容易腐爛，而且能保持浮力，增強適應力吧。

植物結出極小的種子也是有理由的。蘭科或杜鵑花科、龍膽科的植物，會藉著與根共生的真菌而發芽，所以結出比一般植物小很多的種子。野菰（64頁）的種子也是奪取芒草等宿主的養分而成長。

多年生草本
風媒花（雄花與雌花）

車前草

Plantago asiatica

Family: 車前草科 | Genus: 車前草屬

沾濕的種子

鞋底散佈・種子、微細・黏
蓋果、上下分開

不怕踩踏的頑強派

我的帽子很棒吧

NO. 19

PROFILE

出生地	日本
住處	路旁或操場
誕生月	4～9月
成人時期	6～11月
身高	1mm（種子） 0.5cm（果實）

食 藥 染 觀 遊 他

種子就是藥材「車前子」，嫩葉可以食用。車前屬植物的種子可以當作瘦身食品。

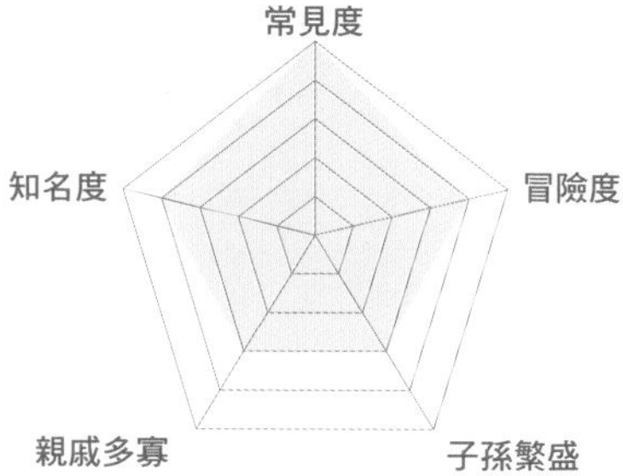
常見度
冒險度
子孫繁盛
親戚多寡
知名度

↑種子被水淋濕，就由果凍狀的物質包覆，變得容易附著。

↑把帽子脫下來，裡面出現種子。

↑車前草就這樣被帶到人們走過的地方。不論城市或高山，生長在各種各樣的地方。

↑種子不會自己把帽子脫下，要被踩到才會脫帽，所以車前草並不排斥被踏。

車前草是相當有韌性的雜草。生長在碎石路或地面等會被踩到的地方，葉子頑強地在地面上伸展開來。有著柔韌而不容易折斷的花莖、平行的葉脈、不容易被拔起的根。它不僅耐踐踏，而且還會徹底佔據種子被帶到的地方。

果實被踩了以後，蓋子會掀開露出種子，種子便藉由被碾過散佈到其他地方。在它的花軸上結著許多膠囊狀的果實，被壓到時上半截會像蓋子一樣掀開。種子穿著一層增稠多醣類的薄外套，被雨滴或露水打濕就會膨脹成果凍狀，黏在人的鞋底或輪胎上，趁人移動時跟著被帶走。

人類也懂得利用車前草與相關的同類。種子是治咳與利尿的中藥藥材，呈果凍狀膨脹的植物纖維可以作為瘦身食品。

一年生草本(歸化)
蟲媒花

長莢罌粟

Papaver dubium

Family: 罌粟科　　Genus: 罌粟屬

風・鞋底散佈・種子、微細
蒴果、在圓筒形的上方有洞

吉普賽女郎的熱情沙鈴

↓花瓣薄而纖細，風一吹就柔弱地搖晃著。

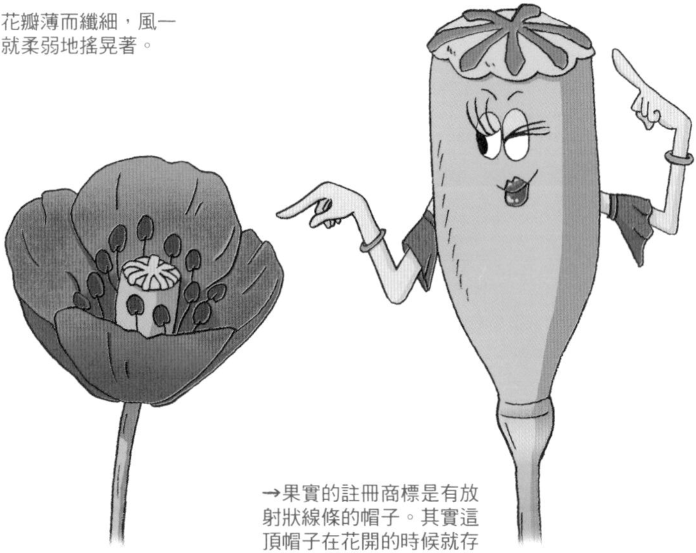

→果實的註冊商標是有放射狀線條的帽子。其實這頂帽子在花開的時候就存在著。

NO.20

PROFILE

出生地	歐洲
住處	空地或路旁
誕生月	4～5月
成人時期	5～6月
身高	1mm（種子） 1～3cm（果實）

食 藥 染 觀 遊 他　作為觀賞用植物而散佈開來，現在因為過度繁衍而遭到驅除。

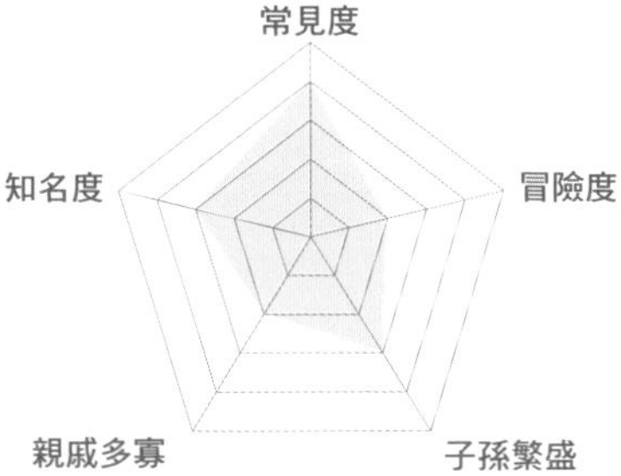

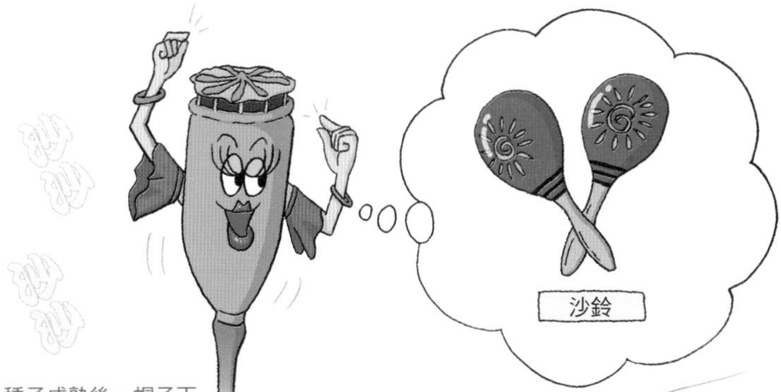

↑種子成熟後，帽子下方的窗戶就打開，振動時有沙沙的聲音，就像沙鈴一樣。

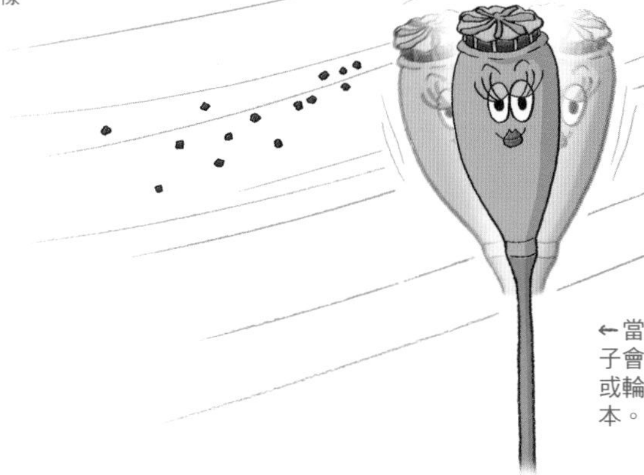

←當風吹動果實，裡面細小的種子會掉落出來，附著在人的鞋底或輪胎上被帶走，很快就遍佈日本。

穿著紅禮服的吉普賽女郎隨風輕輕搖曳。這種生長在南歐的野生罌粟，目前正在日本各地急速增加。

長莢罌粟花的直徑約五公分左右，極小株也可能開出直徑一公分的小花。正因為它是在初夏枯萎的一年生草本植物，所以不管長得多小也會盡力開花結果，留下種子。

由於果實的形狀比虞美人的種子細長，所以成為名字的由來。不過長莢罌粟花不含麻醉藥品的成分。它的蒴果以有趣的方式裂開，成熟後在果實頂端會打開小小的窗戶，隨風搖曳飄散種子。

細數之下，在長約二．三公分的果實內，大約有一千多粒種子。無數細小的種子附著在來往行人的鞋底，或是藉車子的輪胎帶往遠方，在新的土地延展出整片的花之舞蹈。

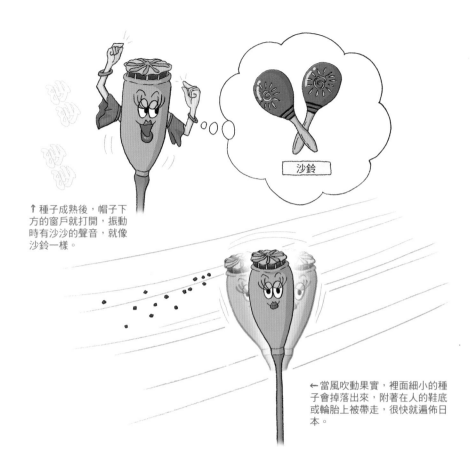

越冬生草本
蟲媒花

別名：牧人的錢包

薺菜

Capsella bursa-pastoris

Family: 十字花科 | Genus: 薺屬

鞋底散佈．種子、微細角果、果皮兩側向外翻

→戀愛註定沒有結果，但是子孫繁盛，把果實塞得很飽滿。

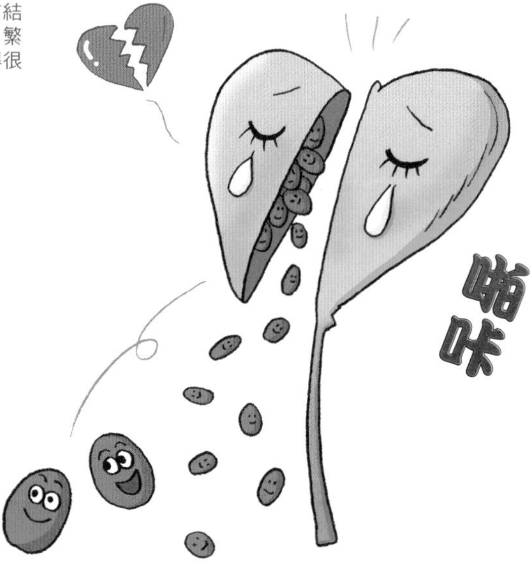

啪咔！心碎了的護生草

NO.21

PROFILE

出生地	日本、中國
住處	田野與路邊、公園的草地
誕生月	4月
成人時期	6月
身高	0.8mm（種子） 0.5cm（果實）

食 藥 染 觀 遊 他

是「春之七草」之一，嫩葉可以吃，整株草都能作為藥用。鮮嫩的果實炒過後可以製作健康茶。

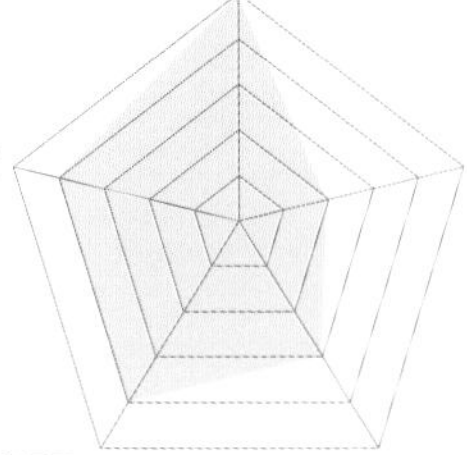

↑果實如果長得離莖遠一點，再加上晃動，立刻就變身為波浪鼓。

↓果實長得像三味線的撥片，所以日文的暱稱是「鏘鏘草」。

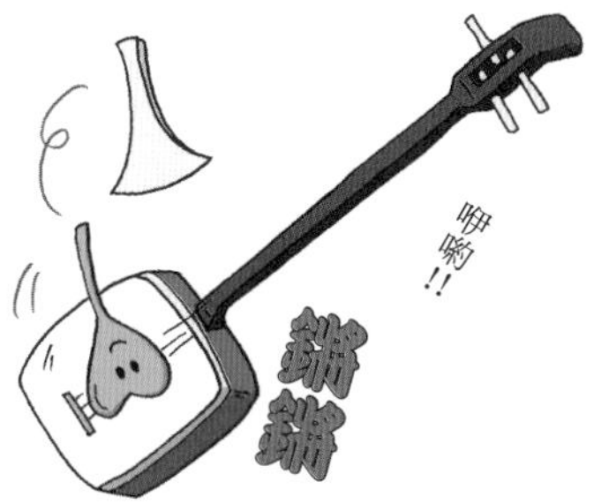

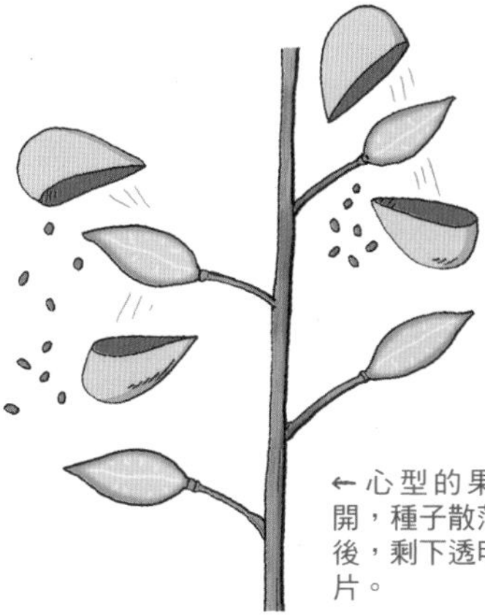

←心型的果實裂開，種子散落開來後，剩下透明的隔片。

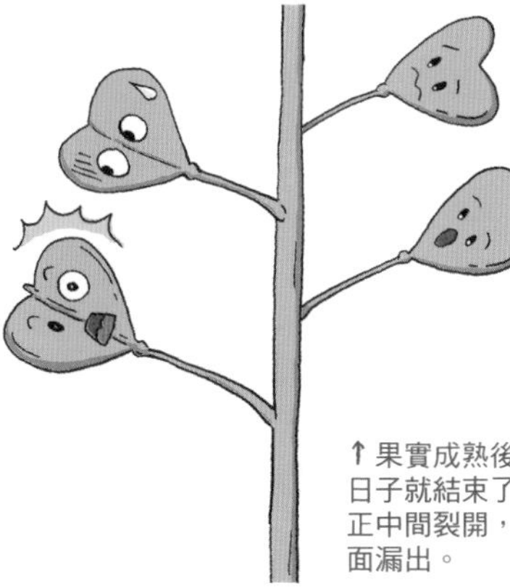

↑果實成熟後，愉快的日子就結束了。果實從正中間裂開，種子從裡面漏出。

薺菜又稱為「護生草」，是一年生草本植物。在農耕文明剛開始時，與作物混在一起，從大陸傳到日本，從此以後就成為田野與城市的雜草，貼近人們的生活。

在日本，它是春天七草之一，冬季的叢生葉可以吃，到現在的正月七日還有在賣整袋的薺菜。

春天時長出花莖，白色的十字形花陸續開花結果。它的果實呈心型，因為長得很像三味線的撥片，所以模仿三味線的聲音，暱稱為「鏘鏘草」。將莖上並列的果實隨意拉下一片在耳邊振動，沙啦沙啦沙啦……響起悅耳的聲音。

果實成熟後，只要輕輕地碰觸、搖晃，心型的果實就會裂成兩半，從兩側向外掉落，散佈種子。種子會跟土與作物混在一起，附著在被雨打濕的衣服與鞋子，被帶到其他地方。

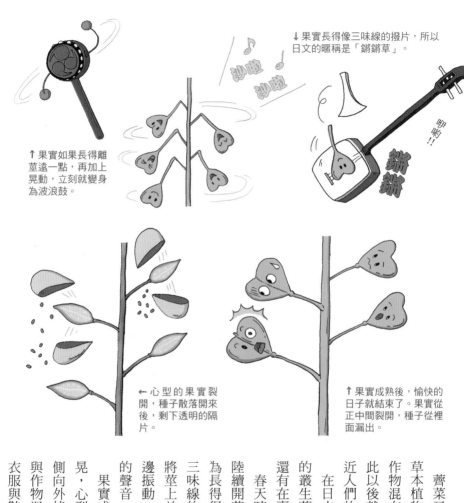

一年生草本（歸化）
蟲媒花（開放花與閉鎖花）

穿葉異檐花

Triodanis perfoliata

Family: 桔梗科　Genus: 異檐花屬

風．鞋底散佈．種子、微細蒴果、圓筒型的側面有洞

打開百葉簾就像維納斯的鏡子

→果實成熟後，側面就像捲起百葉簾一樣打開窗戶。種子會從這裡掉出來。

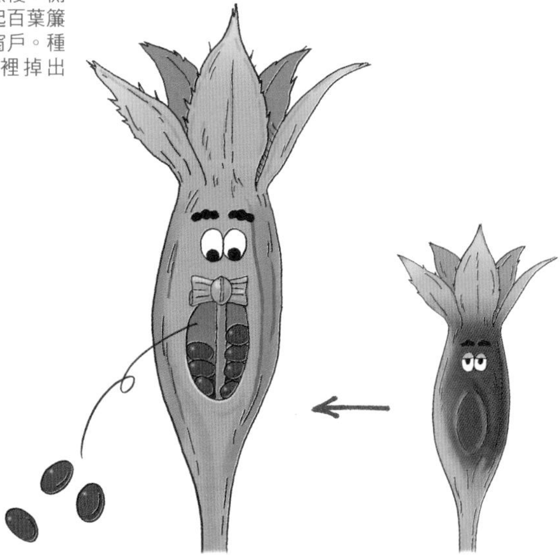

NO.22

PROFILE

出生地	北美
住處	路邊、草坪的縫隙
誕生月	5～6月
成人時期	5～6月
身高	0.5mm（種子） 0.7cm（果實）

食　藥　染　觀　遊　他

最早是為觀賞用而引進日本，現在已逐漸演變為雜草。

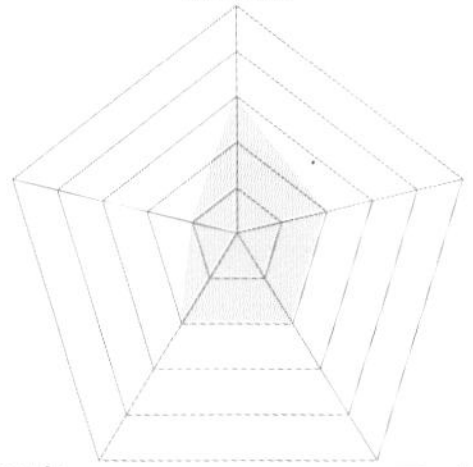

↑果實的窗戶並不是只有一扇。一顆果實開了三道窗戶，所以能夠三百六十度散佈種子。

↓在莖部最頂端有花苞綻放。花朵的萼片有五枚。

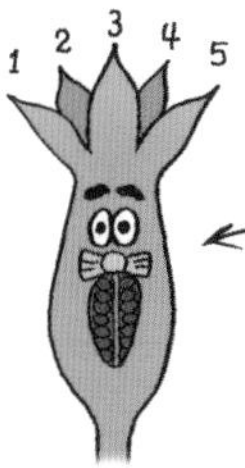

↑在莖的中間附著不開花的「閉鎖花」。閉鎖花的萼片有三枚。

←穿葉異檐花的英文名字是Common Venus' looking-glass（維納斯的鏡子）。

穿葉異檐花是原產於北美洲的一年生草本，在直立的莖上分段附著有點圓的葉子，旁邊附著花苞。正等待著像桔梗的漂亮小花綻放，咦？竟然已經結果了！

長到三十公分高左右，穿葉異檐花終於開花了。在那之前，長的是維持花苞形狀直接結實的「閉鎖花」。穿葉異檐花先是為了節省力氣與確保結實，利用閉鎖花保障下一年的存續，後來才以漂亮的花吸引昆蟲，製造出帶有不同基因的種子，這就是它的戰略。

接下來的發展很有趣。如果仔細看頂端花萼結的果實，真不可思議，壁面上開著橢圓形的小窗，好像把百葉窗捲起來似的。種子會從窗戶溢出，跟著水、土一起附著在人或車上，趁機移動。

二年生草本（歸化）
蟲媒花

月見草

Oenothera biennis

Family: 柳葉菜科　Genus: 月見草屬

風散佈．種子、微細
蒴果、上方分裂成四瓣

隨風散佈　休眠等待發芽

→細小的種子受到風吹掉落的樣子，就像在灑鹽跟胡椒粉。

NO.23

PROFILE

出生地	北美
住處	原野與空地、路旁
誕生月	6～10月
成人時期	9～12月
身高	1mm（種子） 3cm（果實）

食　藥　染　觀　遊　他

種子可作為藥用。種子榨成油製成的化妝品、保健食品等都很受歡迎。

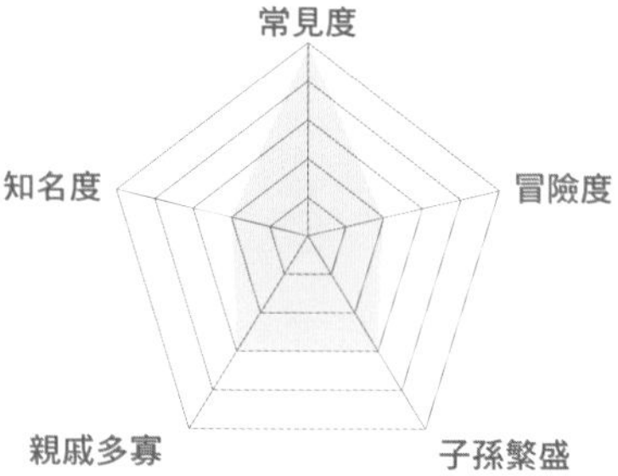

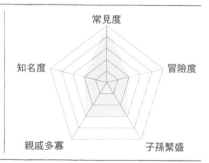

↑在果實裡縱分成四個房間，塞滿了種子。當果實成熟時，前端大約會裂到一半，讓果實打開。風一吹細小的種子就散落開來。

↓長達五公分的花筒裡累積著蜜。由於在夜裡開花，前來吸取的都是有曲管式口器的大型蛾。因為等到晚上才綻放，所以日本名字取為「待宵草」。

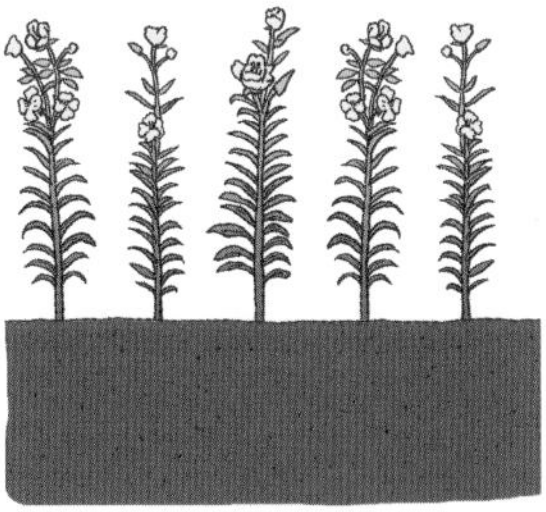

↑要是環境變得明亮，種子會醒過來，一起成長形成群落。

↑如果掉落在陰暗的地方，種子就會進入休眠。

↑種子可提供藥用，精油也運用在美膚化妝品。

月見草是原產於北美洲的二年生草本植物，成群生長在荒地或路旁。淡黃色的花在日落後綻放，早晨時凋謝，只有一晚的壽命。在夜間蛾會飛來，順便帶走花粉。

　果實從花朵根部膨起的部分生長。形狀像藥的膠囊，密密地生長細毛。內部縱分成四個房間，各自塞滿了細小的種子。

　月見草的果實在秋季成熟。從又硬又乾的果皮前端裂到大約一半的地方，形成開口。受到強風吹拂時，月見草的莖會微微搖動，抖出細小的種子。在草原的植物中，有很多種草也大量散佈同樣細微的種子。這裡把這稱為「灑鹽與胡椒粉式的散佈」。

　種子在空曠的地面發芽。如果在陰暗的環境，會休眠數年到數十年等待機會，直到條件好轉、感覺到光才醒過來（80頁）。

專欄四

種子是穿越時空的微形膠囊

生長在空地的毛蕊花（玄參科）。它是原產於歐洲的歸化植物，高度可達二公尺。

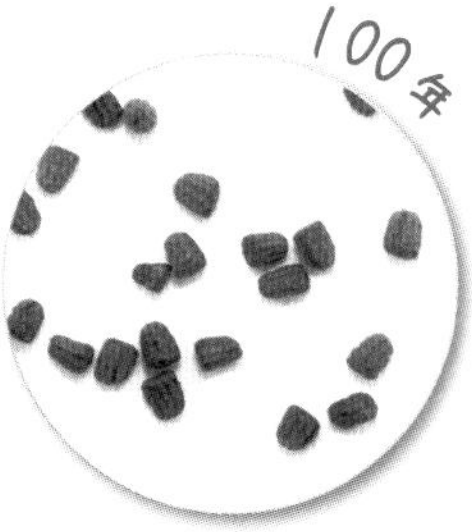

毛蕊花的種子。已確定至少可休眠一百年。

毛蕊花的花。這種植物可以在環境嚴重惡化的河灘等地生長。

種子不只在空間移動，也會穿越時間旅行。對於長成植物後無法抵禦的嚴寒與乾燥、盛夏的炎熱，小小的種子在沉睡間就能輕巧地跨越這些障礙，長出芽來。而且不只是蟄伏一個季節，而是能夠等待數年、數十年後發芽。

譬如在城市中，拆除大樓或住宅之後，空出的建地就會長出各種各樣的雜草。這些雜草究竟從何而來？

除了由風或鳥類新帶來的種子，一定也有數十年前，早在蓋大樓或住宅前就埋在土裡的種子。像毛蕊花這種雜草的種子可以跨越一百年，月見草（78頁）的種子至少八十年，確定可以在沉睡中生存。

即使在休眠中，種子對周遭的環境仍然保持敏感。它能夠敏銳地感受環境的變化，當環境變得明亮、地表的溫度升高，「好，就是現在！」一直接冒出芽來。

「行田蓮」的種子。在施工時挖掘出來，還可以發芽。

在千葉縣行田市發現的古代蓮。大約在一三〇〇年到一四〇〇年前的種子仍會開花。

芡。巨大的葉片上有粗糙的突起。即使在大家認為已滅絕的地域，沉睡在水底泥中的休眠種子，仍有醒來發芽的例子。

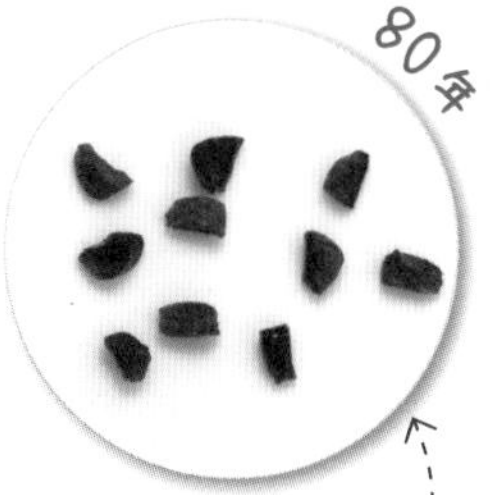

生長在空地的月見草。種子能休眠長達八十年。

植物也能探測是否已經有先長出葉子的競爭對手，利用通過葉子的光與直射光的波長比例不同，在缺乏勝算時先沉睡等待機會。

在人們腳下的地底，有無數種子沉睡著。說不定包括已絕跡植物的種子，悄悄地在沒人注意的情況下蟄伏於土壤中。

事實上也曾有過這樣的例子：由於疏浚湖底，在帶有淤泥的水塘中，竟然有已從當地絕跡的芡發芽。

已長成的植物、剛萌芽的植物，以及沉睡中的無數種子，它們經過數十年、數百年的漫長循環，緩慢地延續下一代生命。

種子不限於空間的移動，也能夠自在地在時間移動。包含人類在內，動物只能活在當下，但是植物可以透過種子的型態，將生命延續到未來。

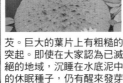

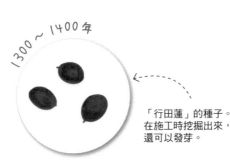

二年生草本
蟲媒花

筆龍膽

Gentiana zollingeri

Family: 龍膽科　　Genus: 龍膽屬

雨滴散佈．種子、微細
蒴果、上方分為兩瓣

等候下雨的長頸妖怪

→開花後，果實的柄
會忽然伸出來。

NO.24

PROFILE

出生地	日本
住處	山野明亮的森林與草地
誕生月	4～5月
成人時期	5～6月
身高	0.3mm（種子） 1cm（果實）

食 藥 染
觀 遊 他

筆龍膽是代表春天的詞彙之一。種子發芽後與菌類共生，因此難以栽培。

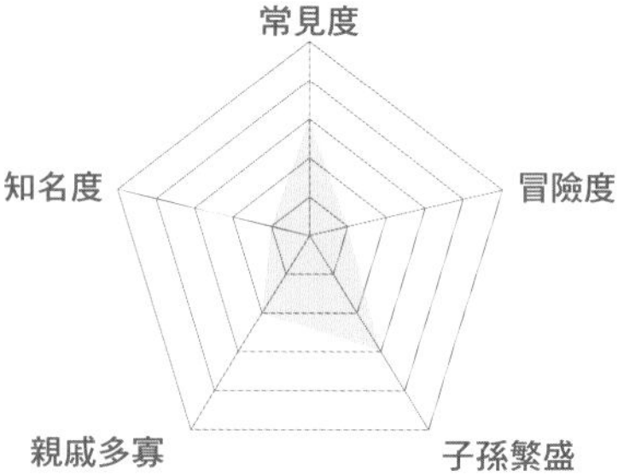

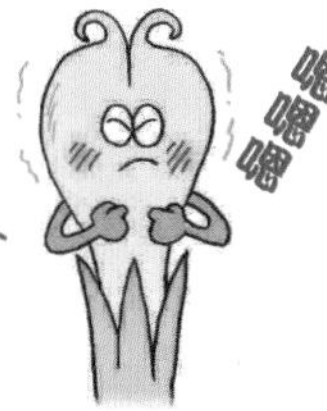

↑果實成熟後，就會大大地張開等待下雨。種子被雨滴彈到，會飛濺到四周。

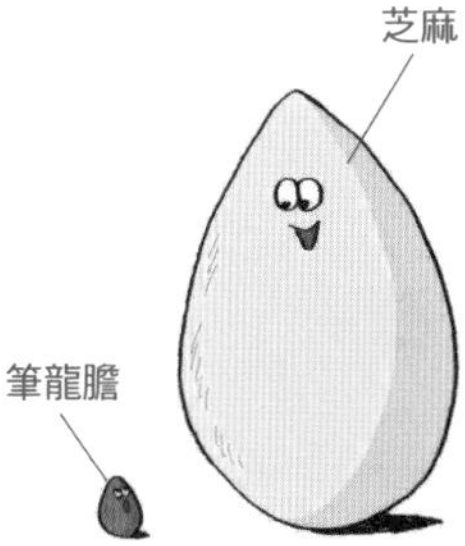

↑種子到底有多小呢？跟芝麻比起來大概是這樣。

↘小小的種子沒帶發芽需要的便當就要出發了。不過沒關係，真菌會提供營養讓種子生長。

在細細的莖上有花苞立起的樣子，筆龍膽的形狀看起來就像畫筆一樣。龍膽是秋季的花，筆龍膽卻在春季綻放。它是仰望著天空的可愛花朵。不過，接下來發生的事可會相當令人驚訝。從花瓣當中，竟然有細細的頸子伸出，大大地張開口「啊——」。

　龍膽類的植物在花謝後，子房會向花瓣外伸長。而筆龍膽的子房前端仰望著天空，大大地張開，裡面盛著堆積如山的細微種子。種子等待著雨滴的衝擊，企圖藉由雨滴的力量彈飛到四周。

　筆龍膽的種子非常小，似乎沒有附帶著什麼養分。因此藉由土壤中的真菌提供營養，獲得幫助。有著長頸妖怪般的果實，藉著雨滴飛散的種子，與真菌互相往來——可愛的花原來有著令人意想不到的一面。

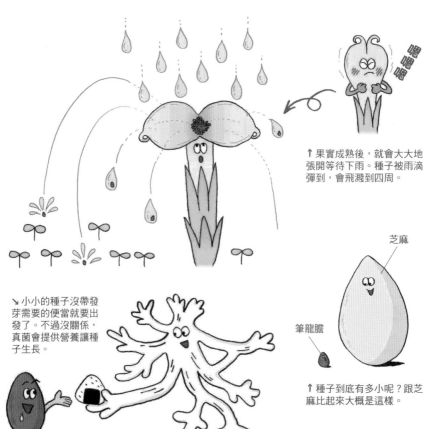

一年生草本（園藝）
蟲媒花

大花馬齒莧

Portulaca grandiflora

Family: 馬齒莧科 | Genus: 馬齒莧屬

雨滴散佈・種子、微細
蓋果、上下兩截裂開

嘩啦！被雨打到就彈飛

NO.25

PROFILE

出生地	巴西、阿根廷
住處	庭院與公園的花壇
誕生月	7～9月
成人時期	8～10月
身高	0.7mm（種子） 0.5cm（果實）

食 藥 染 觀 遊 他　種在花壇與庭院的觀賞植物，碰觸雄蕊就會動，這個特色也很有趣。

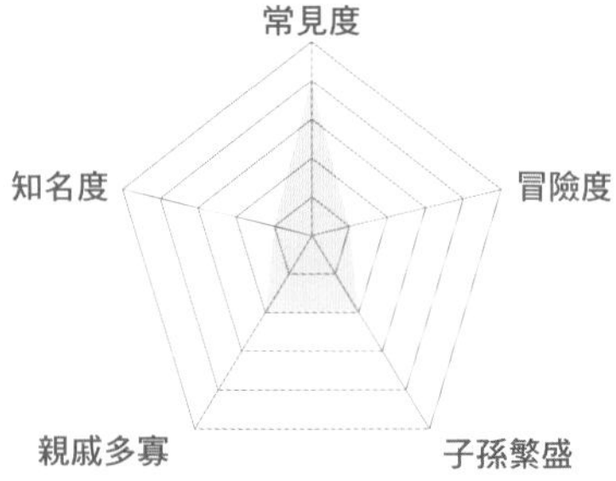

↓果實的上半部像帽子一樣掀起。

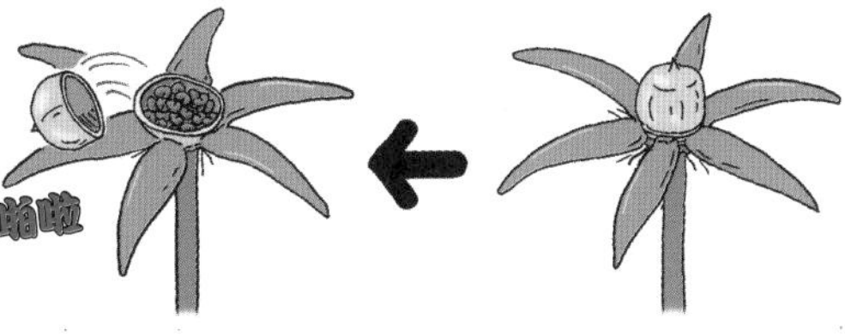

↑種子看起來像蜷曲的毛蟲。

↓花朵只有一天的壽命，從早上開到傍晚就凋謝了。

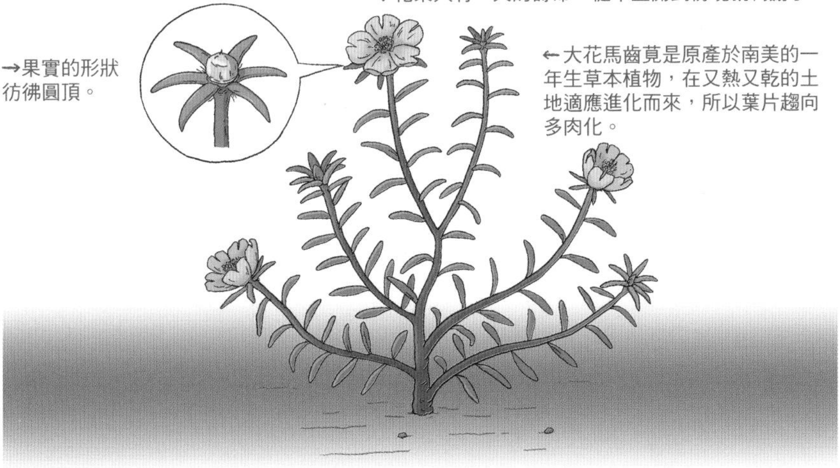

→果實的形狀彷彿圓頂。

←大花馬齒莧是原產於南美的一年生草本植物，在又熱又乾的土地適應進化而來，所以葉片趨向多肉化。

大花馬齒莧這種小型的園藝植物，開著像牡丹般華麗的花，多肉的葉片可以適應炎熱與乾燥，並且進行光合作用。它通常藉著種子繁殖，不過究竟會結出什麼樣的果實呢？

到了秋天，在莖部的末稍結出果實。彷彿圓頂建築般的形狀，在橫側有一圈裂痕。用手指觸碰，好像取下蓋子似的，果實裂成兩半。像這樣的果實稱為「蓋果」。

裡面有許多又黑又小的顆粒，那就是種子。直徑約〇．五公釐，表面有許多列小小的隆起，看起來就像蜷曲的毛蟲。

在下雨時，大花馬齒莧像碗形般的果實就會積水，種子也會浸在水裡。啪答！受到雨滴直接衝擊的瞬間，種子也跟著水花一起飛散。因為它是利用雨散佈的種子。

專欄五

真想被雨打濕啊！

對於生長在比螞蟻還小的微型世界裡的生物而言，從天而降的大粒雨滴彷彿像炸彈一樣，具有破壞性的威脅。不過，也有生物反過來巧妙地利用它的破壞力。譬如筆龍膽或大花馬齒莧都屬於「雨滴散佈種子」的植物。

虎耳草科的嗩吶草或貓兒眼睛草，全都是矮小的草花。花謝後捧著果實的容器裝著微小的種子，朝向天空，等待承受從天而降的雨滴。這類植物的種子長度都不到一公釐，長得非常細小，受到雨滴的衝擊就會四處飛濺。

小嗩吶草

果實在梅雨季節成熟後，就會像碗形一樣張開。種子呈現流線型。

它是生長在山脈溪流畔的多年生草本，造型很簡單。

花朵在早春綻放。像魚骨般的花瓣相當特別。

粉花月見草

原產於南美的歸化植物，生長在空地或路旁。果實成熟後上半部會裂成四瓣，被雨打濕後將大幅張開，讓種子被雨滴彈出去。乾了以後果皮會緊縮，果實會閉合。

打開的果實與裡面的種子。

粉花月見草的花。

日本貓兒眼睛草

看起來像花束，這就是日本貓兒眼睛草的果實與種子。

它是生長在山野的小草。花朵在早春綻放。果實在三月下旬到五月成熟，長得像碗一樣的形狀會裂開。細小的種子受到雨滴衝擊，就會濺到四周。

第四章

耐水的種子

這類果實或種子耐雨淋，在海洋、池塘、河川等水域會浮在水上，隨著水流運送到別處。以含空氣的輕盈構造包裹著種子，有時甚至會順著海流，旅行長達數千公里遠。另一方面，像蓮子或菱角在水底扎根的果實，會冒泡沉入水底。

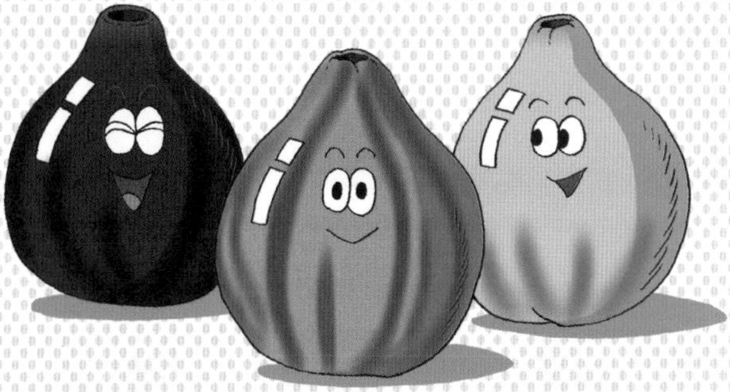

一年生草本
蟲媒花

合萌

Aeschynomene indica

Family: 豆科 | Genus: 合萌屬

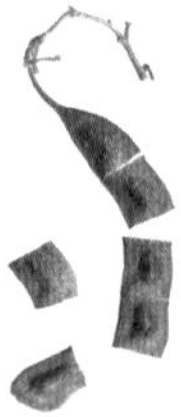

水散佈．果實、軟木質
節莢果、分成一節一節

軟木質小舟的解體事件

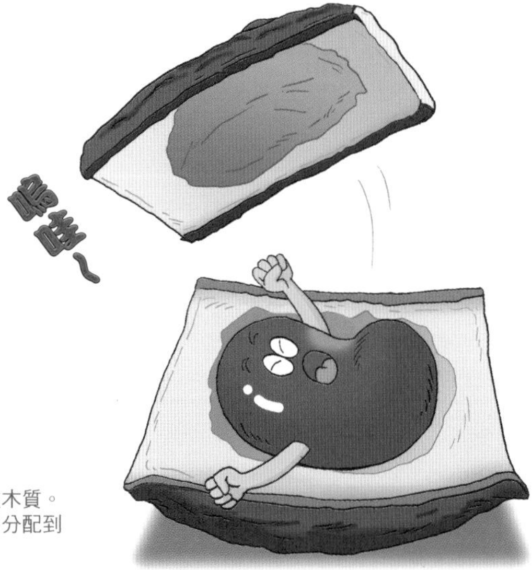

→果莢是軟木質。
每顆種子各分配到
一個房間。

NO. 26

PROFILE

出生地	日本
住處	水邊的野地或田地
誕生月	7～10月
成人時期	9～11月
身高	3mm（種子） 3cm（果實）

食 藥 染 觀 遊 他

帶來問題的水田雜草。黑色的種子很容易混雜在脫殼的米粒裡。

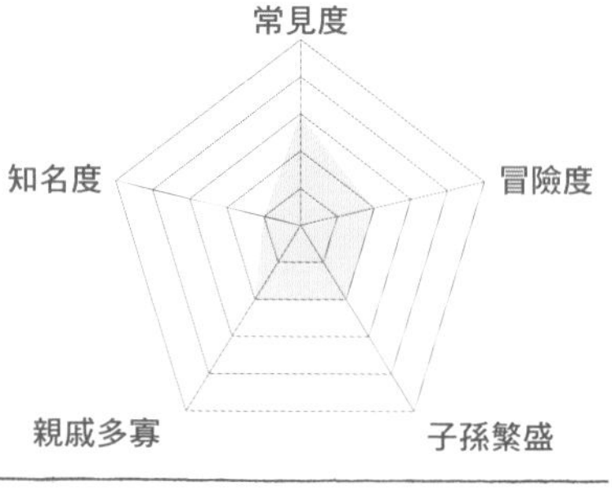

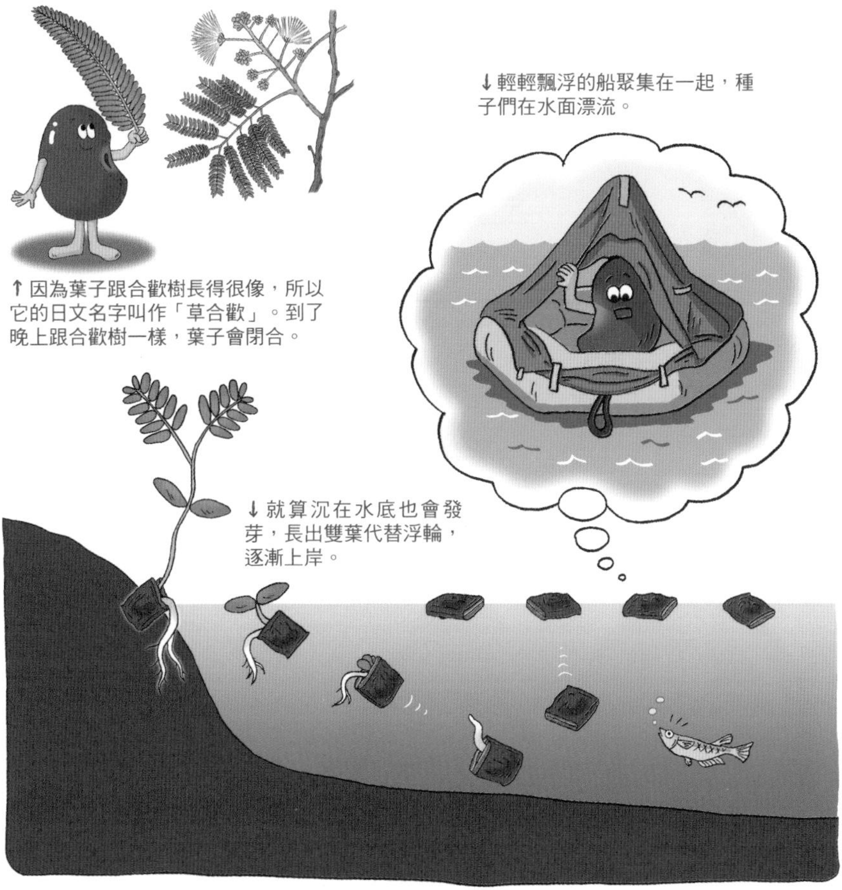
↑因為葉子跟合歡樹長得很像，所以它的日文名字叫作「草合歡」。到了晚上跟合歡樹一樣，葉子會閉合。
↓輕輕飄浮的船聚集在一起，種子們在水面漂流。
↓就算沉在水底也會發芽，長出雙葉代替浮輪，逐漸上岸。

合萌生長在鄉間水邊，是豆科的一年生草本植物。羽狀複葉的葉子細細排列著，看起來跟合歡樹或含羞草非常像。

它從夏季開始綻放淡黃色的小花，陸續結出綠色的果莢。果莢裂成三到八節，每節各有一粒種子。

果莢成熟後轉為軟木質，變成褐色而且很乾燥。雖然是樸素而不起眼的野草果實，不過其實很有趣。光是觸碰或抓起，立刻就斷裂成一節一節的，彷彿解體事件！

一片片果莢的片段漂浮在水上，停靠在某處的岸邊。浸在水裡數天後種子長出根來，將會在淺水中擔任錨的角色。

就算果莢下沉到水裡，展開雙葉之後就會浮起，回到水面上浮游。合萌就是這樣充滿韌性地在水邊生長。

多年生草本(歸化)
風媒花(雄花與雌花)

薏苡

Coix lacryma-jobi

Family: 禾本科 | Genus: 薏苡屬

水・人為散佈・果實
苞鞘、由堅硬的苞包覆

漂亮的珠子是育兒庇護所

→薏苡有各種各樣的顏色。看起來像果實，其實是從葉子變化而來的「苞鞘」。

NO.27

PROFILE

出生地	熱帶亞洲
住處	水邊的野地或空地
誕生月	8～10月
成人時期	9～12月
身高	6mm（種子） 1cm（果實）

食 藥 染 觀 遊 他

堅硬的苞鞘可以當作念珠或裝飾材料。在果實中較柔軟的栽培種是薏米。

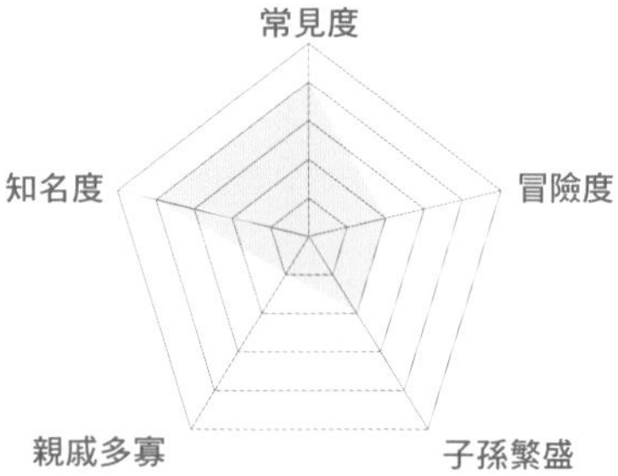

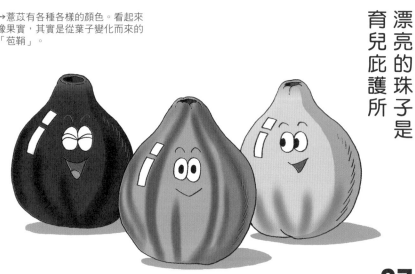

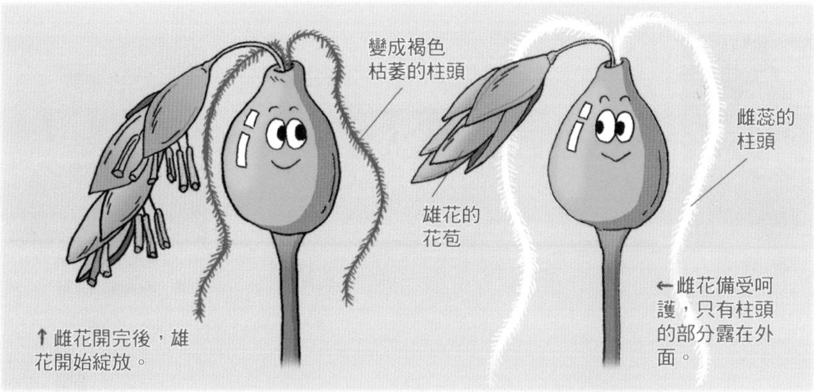

↑雌花開完後，雄花開始綻放。

←雌花備受呵護，只有柱頭的部分露在外面。

↑在水邊經常可以看到薏苡。果實成熟後苞鞘就落入水中，隨波逐流。

→苞鞘有洞穴貫通，所以針可以穿過。可以穿線連成項鍊。

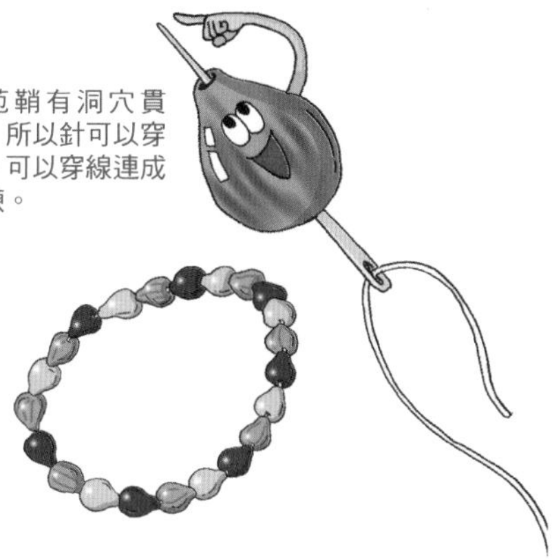

薏苡就像可以蒐集起來玩的天然串珠。在堅硬富有光澤的果實中心有洞貫穿，穿線後可以製作念珠或項鍊。在古時候由於是有用植物而引進日本，在空地等處野生化，由於種子藉由水散佈，所以在日本鄉間的水邊經常可以看到薏苡。

硬殼的部分叫作苞鞘，是由包裹花的葉子變形為水滴狀。苞鞘的內部有雌花，整串雄花是從頂端的洞伸出綻放，花粉隨風飄揚。雌花只有白色柱頭的部分露在外面，授粉後營養豐富的穀粒一直在安全的庇護所內生長，不受鼠患的侵害。而作為薏苡茶原料的薏米，則是苞鞘不硬的栽培種。

如果試著用鐵鎚敲開硬殼，取出穀粒，花一個小時重覆這個動作，可以裝滿一杯薏苡。如果把薏苡跟米混在一起煮，就會聞到彌生時代*的芬芳。

*編註：約公元前三世紀至公元後三世紀期間。

多年生草本（園藝・歸化）
蟲媒花

黃菖蒲

Iris pseudacorus

Family: 鳶尾科 | Genus: 鳶尾屬

水・人為散佈・種子
蒴果、前端裂成三瓣

在水面漂蕩的種子罐頭

↑原產於歐洲，作為園藝植物運送到日本。

NO.28

PROFILE

出生地	歐洲
住處	山野或公園的水邊
誕生月	5～6月
成人時期	9～10月
身高	7mm（種子） 6cm（果實）

食 藥 染 觀 遊 他

由於花朵美觀而被栽培，但是在日本各地野生化，對生態的影響令人擔憂。

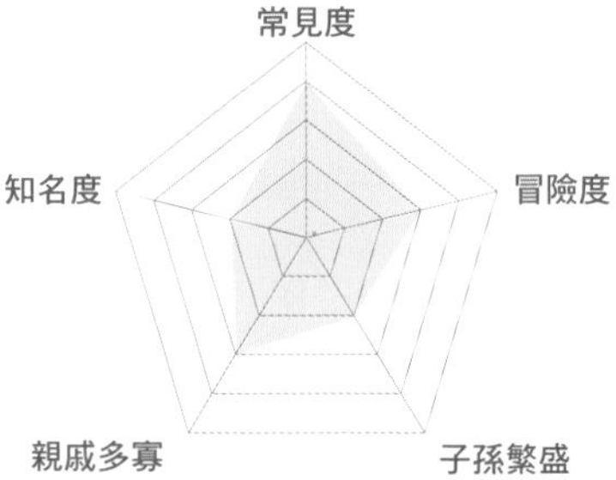

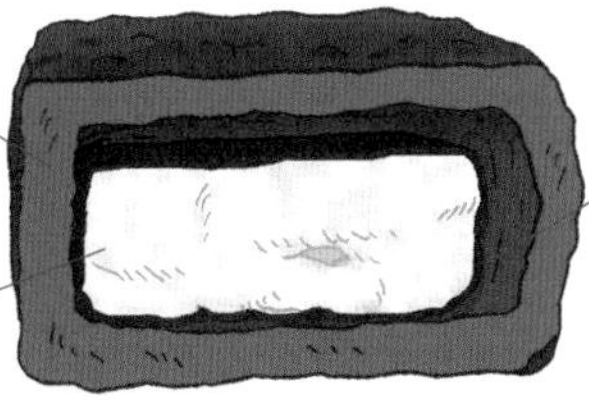

↑在又厚又硬的種皮與胚乳之間有空隙，裡面充滿空氣，所以種子會浮起來。

↓黃菖蒲生長在水邊，果實成熟後，長成罐頭形狀的種子會掉落在水面。

↓種子在水面上漂浮，靠岸後長出新芽。

黃菖蒲綻放著跟鳶尾花很像的黃花，為水邊的景觀增添一抹風情，它是來自歐洲的外來種植物，在明治時代為了觀賞用而引進日本。

花朵凋謝後會結出綠色的果實。嫩綠的果實，形狀或大小都跟秋葵很像。夏季時會沉甸甸地垂下，秋季成熟後，前端會裂成三個部分，果實的內部分成三個房間，各有種子緊密地排列，從果實末梢啪啦啪啦地掉落水面。

種子的形狀跟罐頭很像，又硬又堅固，而且很輕。剖開來看，裡面有儲存空氣的大空洞。種子會浮在水面上移動，在光線充足的水邊發芽。

這就是黃菖蒲有旺盛繁殖力的祕密。現在黃菖蒲已在各地的水邊繁衍，轉變為野生植物，影響到生態系統，因此日本環境省已經把黃菖蒲指定為「重點對策外來種」。

輕輕地漂浮著

海漂種子大集合

實物尺寸

走在海邊撿拾漂流上岸的東西，是種尋寶的樂趣。貝殼與海藻、漁具等混在一起，也可以看到樹木的果實與種子。由於都是些生長在海岸與水邊的植物，藉由輕盈的軟木質，浮在海上。也有些種子是從遙遠的南方島嶼乘著海流，漂流到日本。

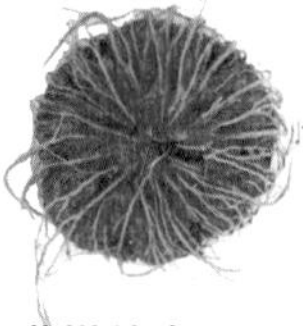

葛塔德木

茜草科

生長在石垣島以南，果實藉著纖維質浮在水上。

水茄苳

玉蕊科

生長在琉球列島，夜裡會綻放白色的花。

番杏

番杏科

生長在海岸的砂地，葉子可以作為蔬菜。

水椰

棕櫚科

在西表島可看到的紅樹林植物。

海檬果

（沖繩夾竹桃）

夾竹桃科

紅色的果皮在漂流間剝落，留下軟木質。

銀葉樹

錦葵科

以巨大的板根聞名。果實的形狀就像鹹蛋超人。

可可椰子

棕櫚科

特大號的海漂種子。在熱帶為了採收椰子原料而種植。

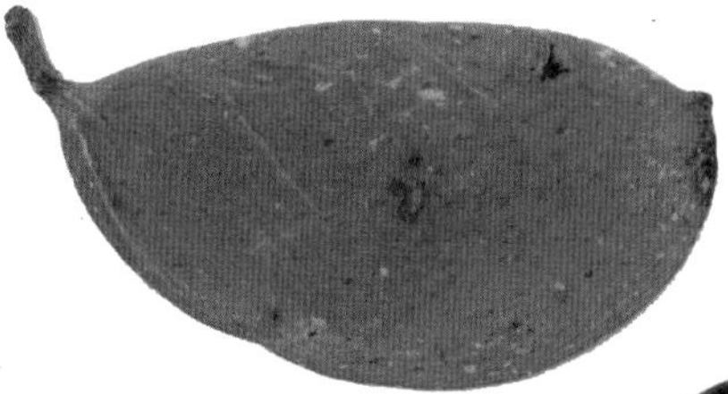

水黃皮

豆科

豆莢又硬又乾，隨著海流漂移。

苦林盤

唇形科

圓形的果實分解成四部分，浮在水上漂移。

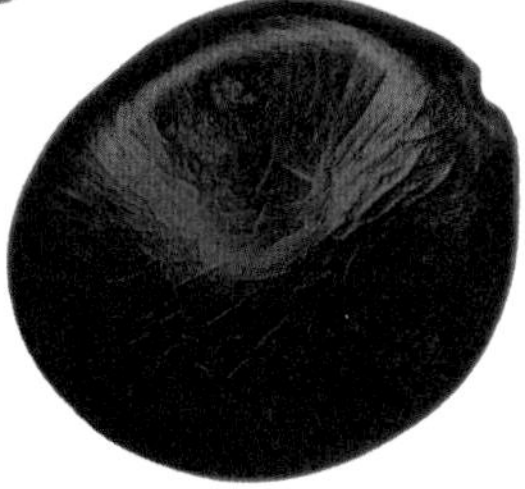

榼藤子

豆科

堅硬的豆類，乘著海流運送數千公里。豆莢也有軟木質，漂浮在水上。

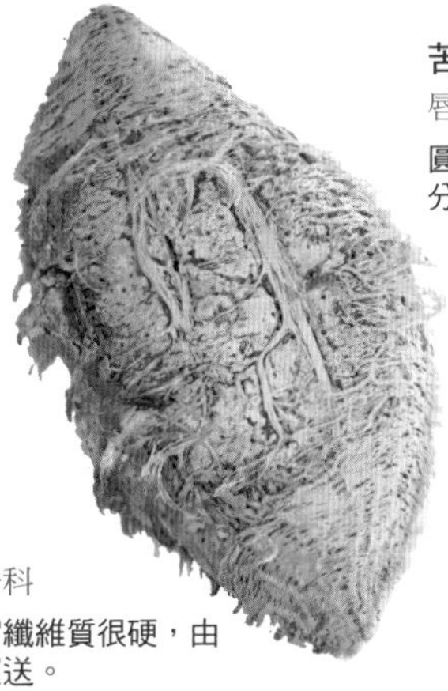

欖仁

使君子科

果實富纖維質很硬，由海流運送。

棋盤腳

玉蕊科

果實的形狀就像棋盤腳。生長在石垣島以南。

濱蘿蔔

十字花科

跟蘿蔔關係親近的海岸植物。果實會裂開散落，浮在水上。

海埔姜

唇形科

生長在沙灘。果實很可愛，散發好聞的氣息。

水生一年生草本
蟲媒花

日本菱

Trapa japonica

Family: 千屈菜科 | Genus: 菱屬

水・附著散佈・果實
核果、有二或四根尖刺

尖角與倒刺 難纏的忍者武器

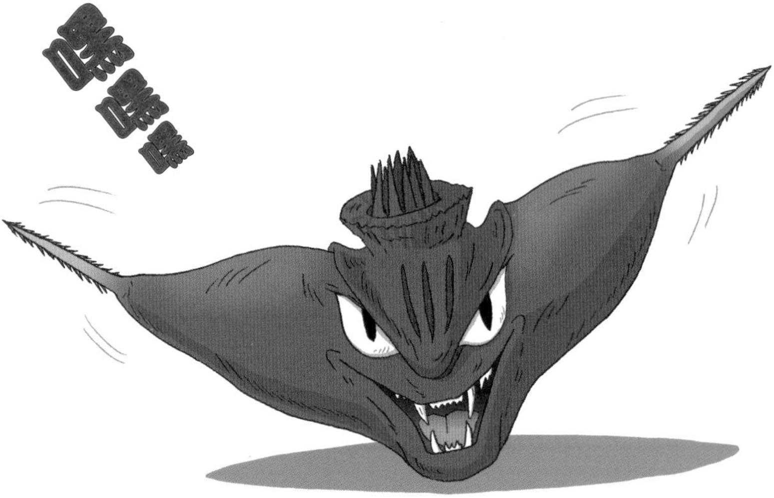

NO.29

PROFILE

出生地	日本
住處	池塘或水路
誕生月	7～10月
成人時期	10～11月
身高	2.5～6cm（含刺在內的果實）

食 藥 染 觀 遊 他

摘採鮮嫩的果實，菱實可以吃。除了野生之外，也有人工栽培的菱角。過去用來當作忍者的道具「撒菱」。

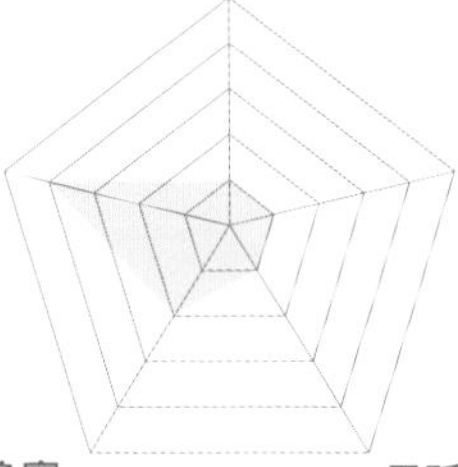

↓葉柄會膨脹浮起。成熟後沉下的果實會發芽。

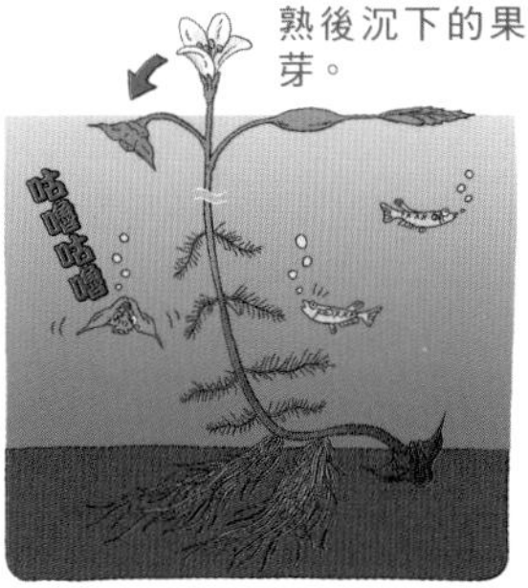

↓尖角上還有「倒刺」，被刺到以後很難拔掉。

↓變成忍者的武器。

↑有四根刺，是立體的。

↑煮過後可以吃裡面的種實。味道跟栗子很像。

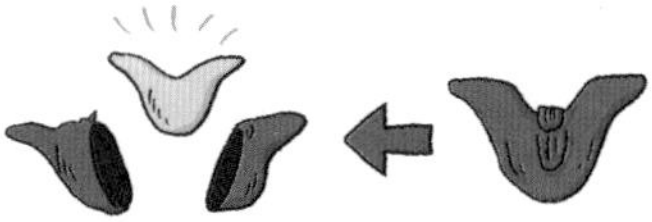

↑菱角的種實飽含澱粉。從水底長出的長莖是養分的來源。

↑食用的栽培種，果實很大，沒有尖銳的刺。

日本菱是長在池塘或水域的水草，從水底伸出長莖通往水面，菱形的葉子呈放射狀浮出。由於是一年生草本，秋季時留下帶有利刺的堅硬果實，整株枯萎，到翌年春天再以種子的型態重新出發。

日本菱的果實成熟後立刻就會沉入水中，春季在水底發芽。這時刺有錨的功能。種實的大小跟栗子一樣大，為提供發芽的養分來源，含有豐富的澱粉，也可以讓人食用。果皮又硬又堅固，有兩根從萼變形而成的刺。刺很尖銳，在前端有兩排很硬的倒刺，被戳到的話傷勢會很嚴重。同類的小果菱與鬼菱有四根刺，呈立體狀，是忍者撒在敵人面前的武器「撒菱」。

除了藉著洪水等水流讓果實移動，日本菱也會用刺勾住水鳥的羽毛，趁機進行長距離的移動。

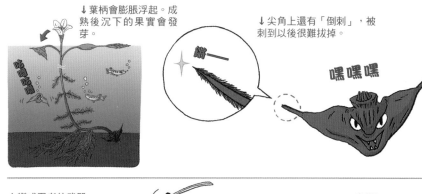

水生多年生草本
蟲媒花

荷花

Nelumbo nucifera

Family: 蓮科 | Genus: 蓮屬

水散佈・果實
瘦果、埋在花床裡成長

蜂巢狀的果托中沉睡的蓮子

NO.30

PROFILE

出生地	印度
住處	公園或寺院的池塘、蓮花田
誕生月	7～8月
成人時期	9～10月
身高	17mm（種子） 15cm（果托的直徑）

食 藥 染 觀 遊 他

地下莖是蓮藕。花朵提供觀賞，果托可以製作乾燥花。蓮子也可以食用。

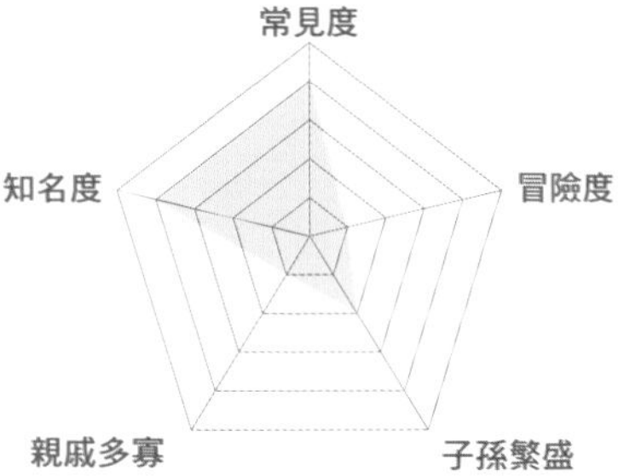

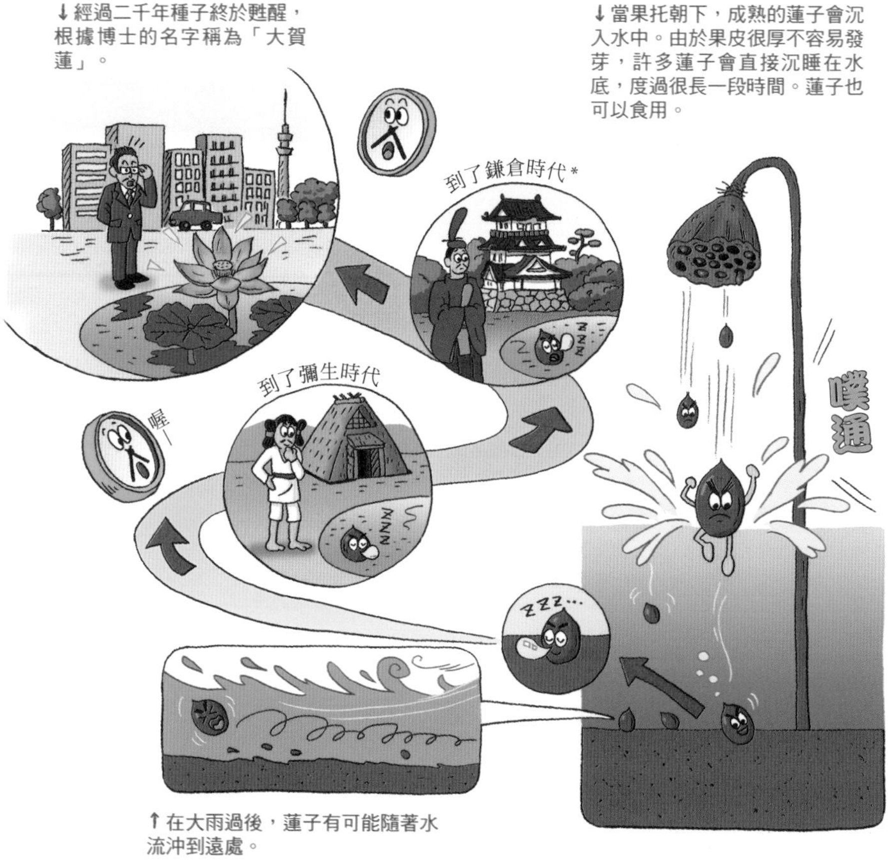
↓經過二千年種子終於甦醒，根據博士的名字稱為「大賀蓮」。
↓當果托朝下，成熟的蓮子會沉入水中。由於果皮很厚不容易發芽，許多蓮子會直接沉睡在水底，度過很長一段時間。蓮子也可以食用。
到了鎌倉時代*
到了彌生時代
喔－
噗通
↑在大雨過後，蓮子有可能隨著水流沖到遠處。

蓮花據說是開在極樂淨土的花。它的日文名字源自「蜂巢」。

花的中心有圓錐座形狀的「花托」，上面有花灑般的洞，在洞穴深處有雌蕊，從前端露出授粉。花瓣與雄蕊散落後，花托改稱為果托，在洞中培育著鮮嫩的果實，樣子看起來跟蜂巢很像。

秋季時，果托的洞開口。每顆洞裡各有一粒果實，當莖枯乾斷裂就會墜入水中。果實非常硬，比重跟水相同，不過稍微有點重。在水中緩緩漂浮，在大雨過後及其他原因，會隨著水流移動，不過一部分的種子會直接沉在水底。

蓮實中也有經過二千年才醒來的睡美人。昭和二十六年（編註：公元一九五一年）從彌生時代的遺跡發掘出一粒蓮子，後來竟然發芽成長，開出美麗的蓮花。

*編註：公元一一八五～一三三三年。

專欄六

海上漂浮的胎生種子

會過濾鹽分的紅樹林植物

在熱帶或亞熱帶的潮間帶泥灘、河口地帶，會看到紅樹林。水筆仔與紅茄苳是其中最具代表性的植物。在一般植物只能陷在泥沼的嚴苛環境下，紅茄苳等植物有特殊構造能排出鹽分，並且有發達的呼吸根，可以浸在海水裡生存。

這類植物的果實與種子也很特殊。種子在母株結出的果實中伸根。由於在親代植物的體內發芽，又稱為「胎生種子」。

綠色的幼根很粗，會行光合作用。長到二十公分長，終於脫離親代植物落下，胎生的種子在波浪間漂浮，在新的場所獨立。這時幼根的部分可以過濾鹽分及提供氧氣，支持芽的成長。

▲沖繩本島的紅樹林。漲潮時會浸在海水裡。

▶胎生種子會刺進螃蟹洞等空隙，發芽長出新的紅樹林植物（照片是水筆仔）。

◀果實刺進地面後，伸展芽與根的紅茄苳。

▲紅樹林植物的一種，水筆仔的果實。

▶紅茄苳的果實。從像紅章魚的花萼下伸展出幼根。

第五章

會彈爆的種子

有些植物自己會讓種子強勁地彈出。明明是植物竟然會動，聽來有些不可思議，其實是利用細胞吸收水膨脹時的壓力，或是乾燥時植物纖維縮起，讓果莢瞬間破裂。在草類或灌木中可以看到運用這類手法的果實與種子。

多年生草本
蟲媒花

別名：中日老鸛草、神輿草

牻牛兒苗

Geranium thunbergii

Family: 牻牛兒苗科 | Genus: 牻牛兒苗屬

自動散佈·種子（乾濕運動）
蒴果、裂成五瓣

秋天原野上的快速球投手

→在某個晴朗的秋日，牻牛兒苗變身為投手。

NO.31

PROFILE

出生地	日本
住處	山野的草叢
誕生月	7～10月
成人時期	10～11月
身高	3mm（種子） 2～2.5cm（果實）

食 藥 染 觀 遊 他

把整株草曬乾後可以製作止痢的藥。也可以種植作為觀賞用。

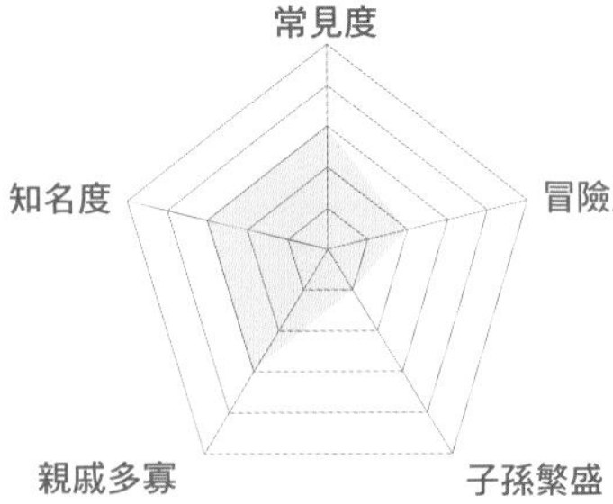

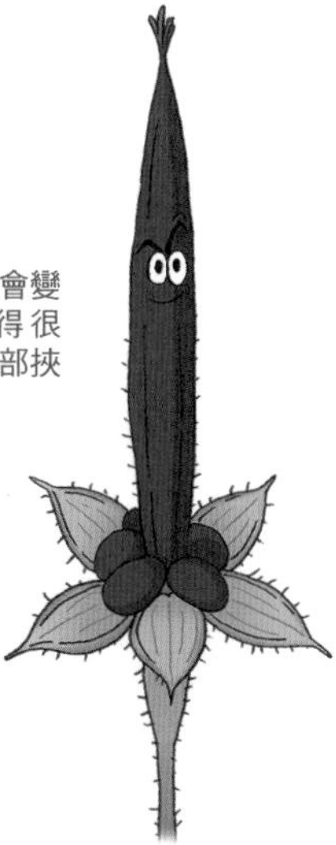

→果實成熟後會變黑，也會竄得很高。果實的根部挾著種子。

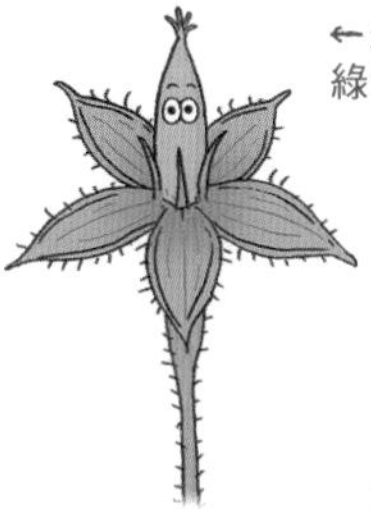

←未成熟的果實是綠色，長得很矮。

↓投球的次數是一人小計五次。越投技術越好。

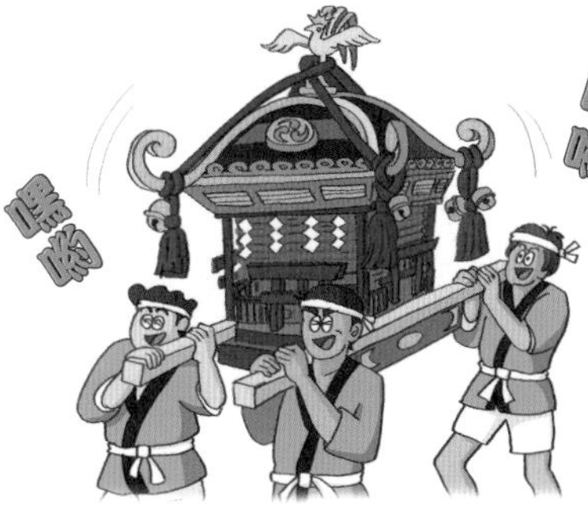

→投完種子之後的姿勢，就像神輿一樣。

牻牛兒苗從以前就是有名的藥草。因為服用後對腸胃「立即有效」，成為日本名字的由來。它可愛的花有兩種顏色，西日本多半是粉紅色，東日本以白色佔大多數。

在秋季時，牻牛兒苗火箭形的果實朝天排列。其實這種果實是強而有力的投手，有五條手臂貼著身體，握在手中的種子持續生長。當握著種子的手稍微鼓起，就是準備好要投球的徵兆。它採取下勾投法的姿勢，嘿喲！它將手腕一口氣捲上去，種子呈拋物線飛出！每位投手擁有五粒種子，可以投五次。

全部投完之後，五根手臂都會捲上去，彷彿在呼喊著「耶！種子萬歲！」的姿勢。不過看起來也很像祭典的神輿，所以日文又叫作神輿草。

一年生草本（園藝）
蟲媒花

鳳仙花

Impatiens balsamina

Family: 鳳仙花科　Genus: 鳳仙花屬

自動散佈 · 種子（膨壓運動）
蒴果、分裂成五瓣

↓果實的毛很密，毛絨絨的。

瞬間彈爆的夏日女孩

NO. 32

PROFILE

出生地	印度 · 中國
住處	山野的草叢
誕生月	7～10月
成人時期	10～11月
身高	2mm（種子） 2～2.5cm（果實）

食 藥 染 觀 遊 他　花朵是美麗的園藝植物。成熟的果實可以戳著玩，看著它彈裂。

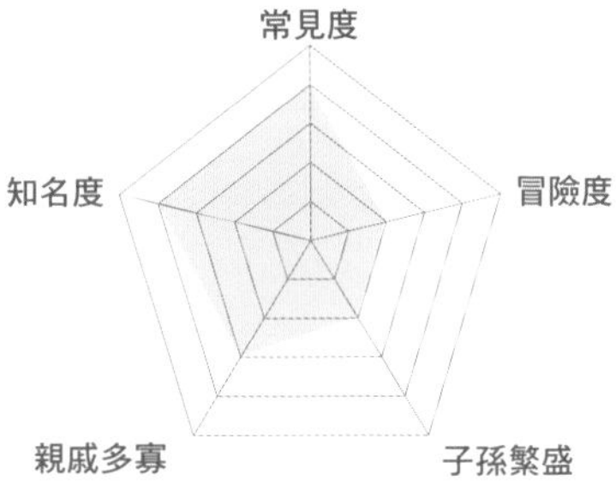

↓用花朵溶出顏色的水，可以染指甲來玩。

↓英文的名字是「Touch-me-not」（不要碰我）。

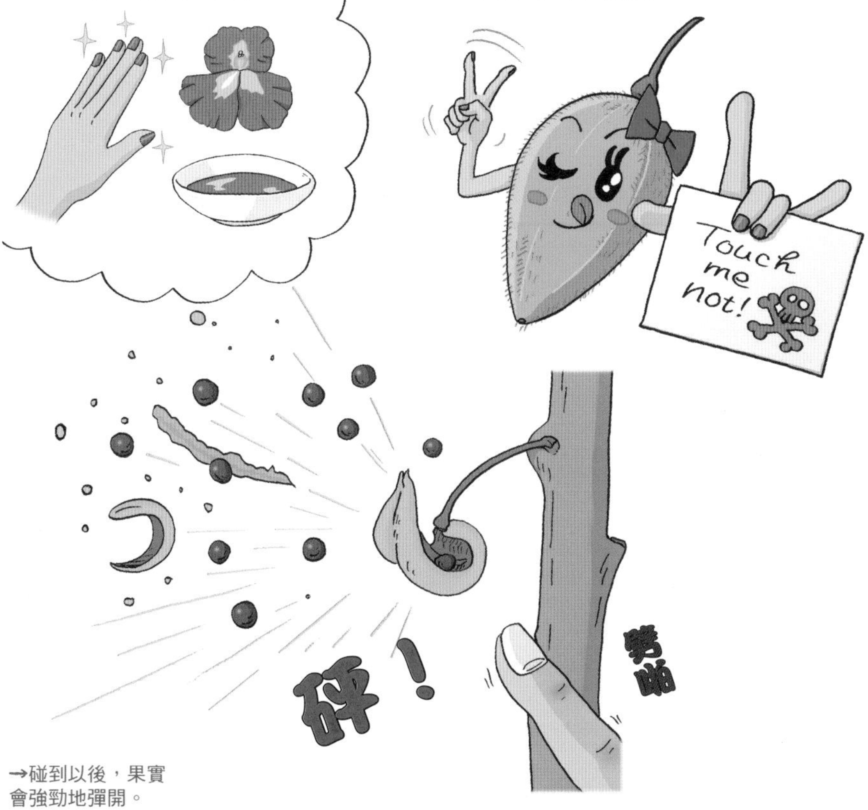

→碰到以後，果實會強勁地彈開。

鳳仙花是經常出現在自然科學教科書的庭院植物。身穿輕飄飄的禮服，在夏季盛開。利用花瓣可以染指甲玩，所以日文又稱為「爪紅」。

花朵會陸續綻放結實。用手觸碰膨脹變大後的果實，啪！在一瞬間果實就爆彈了。

它的構造是這樣：在果實的皮外側部分，種子成熟後會吸水持續伸展，因此在內側形成捲曲的力量。超過極限後果實就會破裂，種子飛離果軸與裂開的果皮。外界的接觸或風的振動也會引發瞬間的破壞。

鳳仙花的英文名字是Touch-me-not，即「不要碰我」。花語也一樣。鳳仙花屬的英文Impatiens意思是「缺乏耐心」，同屬的非洲鳳仙花與野鳳仙花，也都是朝氣蓬勃而又急躁的女孩。

多年生草本
蟲媒花（開放花與閉鎖花）

紫花地丁

Viola mandshurica

Family: 堇菜科　　Genus: 堇菜屬

自動（乾濕）‧螞蟻散佈‧種子
蒴果、分裂成三瓣

種子小船大爆滿 螞蟻來當搬運工

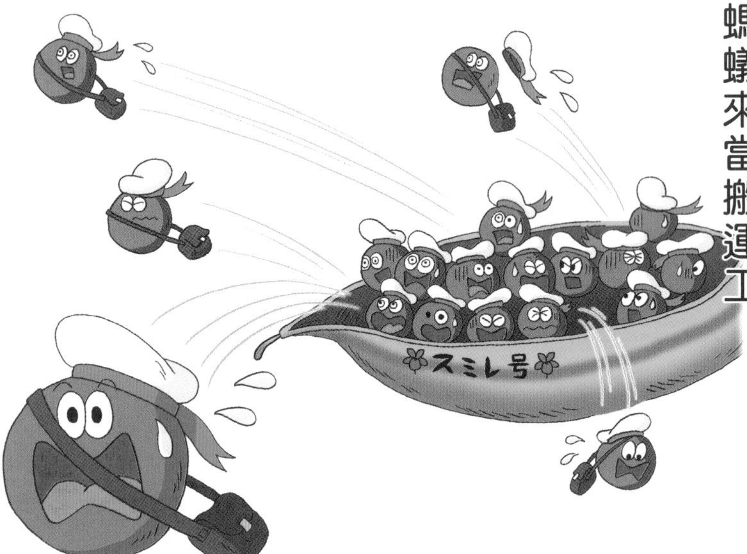

NO.33

PROFILE

出生地	日本
住處	山野的草地與路旁
誕生月	4～6月
成人時期	5～10月
身高	1mm（種子） 0.8cm（果實）

食 藥 染 觀 遊 他　它是受到栽培的野生植物。花朵用砂糖醃漬後，成為作蛋糕的材料。

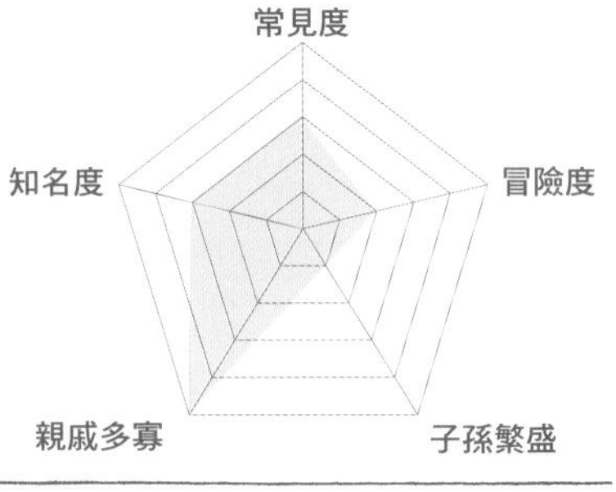

← 在晴朗的早晨，果實裂成三個部分。在三艘船上坐滿了種子船員。
頭部的突起是雌蕊留下的遺跡。
呼
←種子附著白色的油質體。
↑果實成熟後就向上挺立。
↑開花後，紫花地丁的果實會先低垂一陣子。
呼
嘿喲嘿喲
↓落在地上的種子，藉由提供油質體試吃引誘螞蟻。
↑隨著太陽高掛，果實的皮也縮起，船員們被放出到船外。
↑受到油質體的引誘，螞蟻將種子搬到更遠的地方。

紫花地丁是佇立在春季原野中的可愛偶像。濃紫色的花瓣看起來真是非常美麗。

但是花期很快就結束了。紫花地丁的果實由三瓣果皮構成膠囊型，頂端是雌蕊遺留下來的痕跡。剛開始果實朝下，成熟後又轉為朝上。

在晴朗的早晨，果實裂開來，三艘船呈現Y字型的形狀，船上爆滿圓頭的種子。由於果皮會漸漸枯乾縮皺，船的寬度越來越窄。於是啪！啪！種子一粒粒向外彈。飛行的距離最長可達二公尺。

種子附有白色的塊狀物（油質體），含有引誘螞蟻的脂肪酸，藉著螞蟻繼續移動到更遠的地方。

紫花地丁還有一種製造種子的密技，那就是「閉鎖花」（請參考108頁）。

在春季綻放的紫花地丁。花期結束後，其實還有「閉鎖花」會一直開到秋季。

專欄七

不開花的「閉鎖花」
原來是為了製造兩次種子

攝影：田中肇

開放花	一般的花，附有美麗的花瓣。透過美麗的外觀與花蜜引誘昆蟲協助授粉。藉由花瓣的紋路引導蟲找到花蜜。

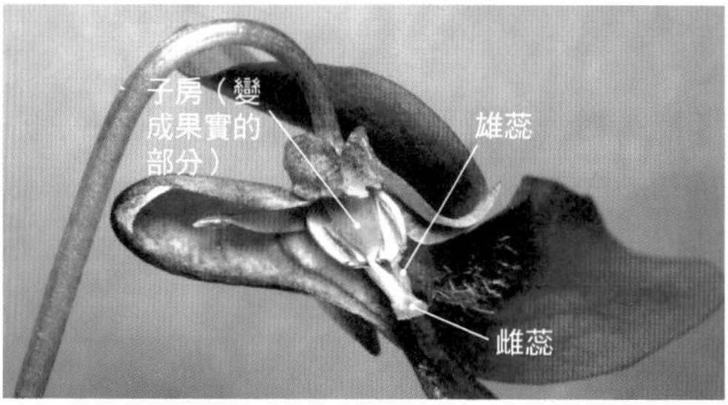

開放花的內部。雌蕊的柱頭與雄蕊是分開的。

紫花地丁的開放花。從正面看過去，雌蕊的柱頭很明顯。

紫花地丁綻放的季節是春天。不過，在沒有開花的時期，竟然也可以結出果實？仔細一看，在夏季與秋季也有長出花苞，一直沒有綻放，不知不覺已經結出果實。其實像這樣外觀像花苞的構造也是花。紫花地丁在春季花朵凋謝之後，以花苞的型態長出「閉鎖花」，直接授粉結實。

在紫花地丁閉鎖花的內部，雌蕊與雄蕊相鄰，直接授粉結實。由於不需要運送花粉的蟲，所以花瓣直接退化。花粉的量僅限於完成受精，所以雄蕊的數量從五根減少到二根，花粉也變得非常少。可說是自我完成型，並且符合節能設計的花。結實率更達百分之百，真的非常有效率。

相對於閉鎖花，一般會展開花瓣的花稱為「開放花」。開放花要為花瓣、雄蕊、花蜜消耗更多養分，依賴蟲類運送花粉的機會也比較有限。譬如紫花地丁的開放花，結實的機率頂多只有百分之三十。

成熟後打開的開放花果實。長長的柱頭仍殘留著。

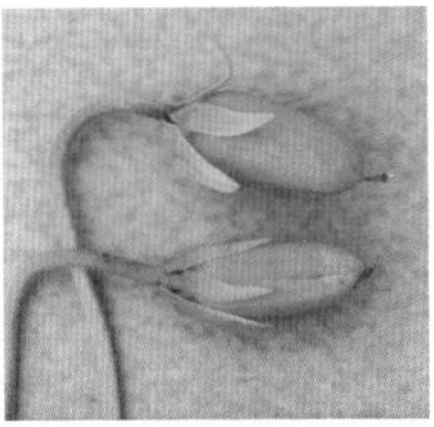

開放花的果實（上）與閉鎖花的果實（下）。開放花留下的柱頭比較長。

閉鎖花	花瓣退化而不會開的花。在花苞內部自然授粉，所以不引誘昆蟲也可以完成授粉。

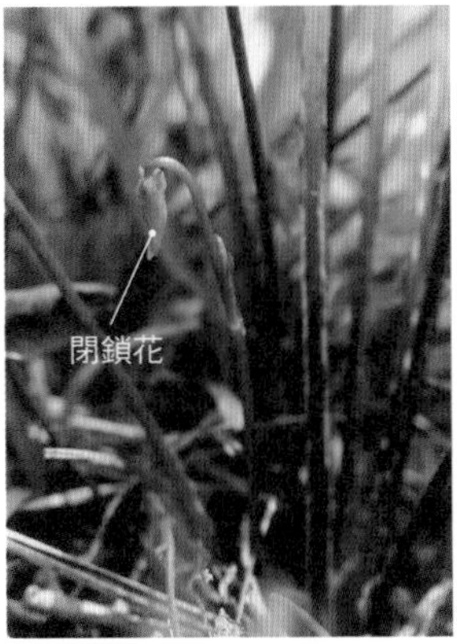

不引誘昆蟲也沒關係的閉鎖花，悄悄地綻放在枝葉下方。不必要的花瓣已經退化消失，外觀乍看之下就像花苞。

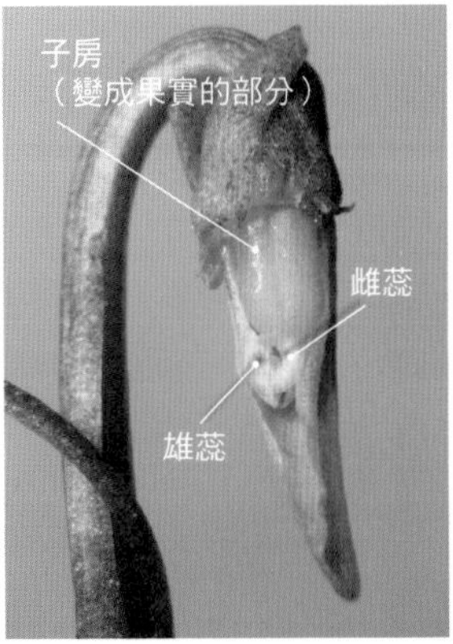

紫花地丁的閉鎖花內部。雄蕊緊鄰著雌蕊進行授粉。閉鎖花沒有花瓣，雄蕊的數量與花粉都很少。

不過，既然能開出成本較低而且結實效率又高的閉鎖花，為什麼紫花地丁還要開成本高又費事的開放花？

關鍵在於製造出什麼樣的種子。藉由蟲從其他花朵運送花粉的開放花，結出的種子在遺傳方面具有多樣性。而閉鎖花製造出的種子跟親代幾乎相同。

製造富有變化性的種子，對於適應新環境與環境方面的變化、對抗病原體等，能有效發揮作用。而另一方面，在同樣的場所、同樣的環境增加種子數量，能夠佔據更廣的面積、分散危險。

同樣是菫菜屬的紫花菫菜、日本球果菫菜等植物，都有開放花與閉鎖花。分別製造兩種不同的種子，確實地留下子孫，這就是菫花族群的戰略。

目前已知閉鎖花可見於寶蓋草、大丁草、水金鳳、戟葉蓼、及己等各種各樣的植物分類。

多年生或一年生草本
蟲媒花

酢漿草

Oxalis corniculata

Family: 酢漿草科　Genus: 酢漿草屬

自動散佈、種子(膨壓運動)
蒴果、帶有裂痕

咻咻咻！噴射吧種子

→果莢的形狀像秋葵。裡面排列著種子，由白色的皮包覆。

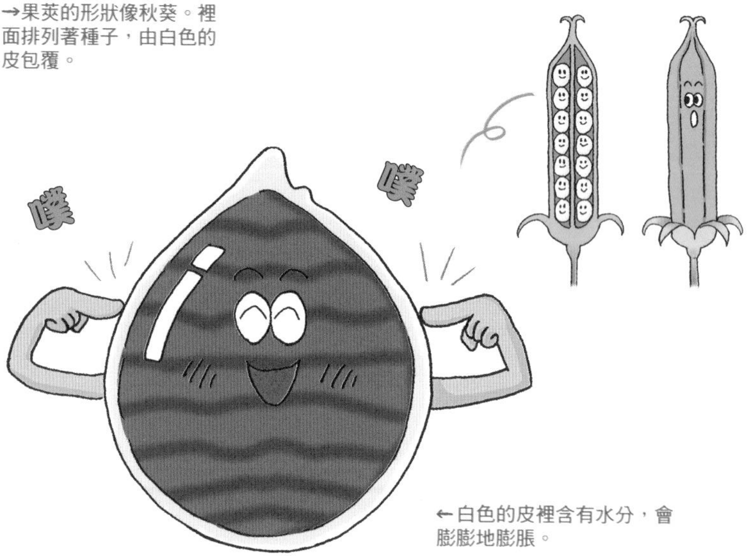

←白色的皮裡含有水分，會膨膨地膨脹。

NO.34

PROFILE

出生地	日本
住處	路旁或草坪的縫隙
誕生月	4～11月
成人時期	5～11月
身高	1.5mm（種子） 2cm（果實）

食 藥 染 觀 遊 他　全株含有草酸，過去是孩子的點心。也可以用來磨利金屬。

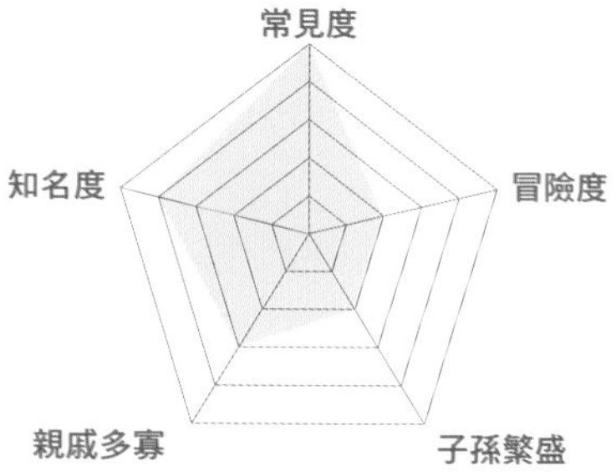

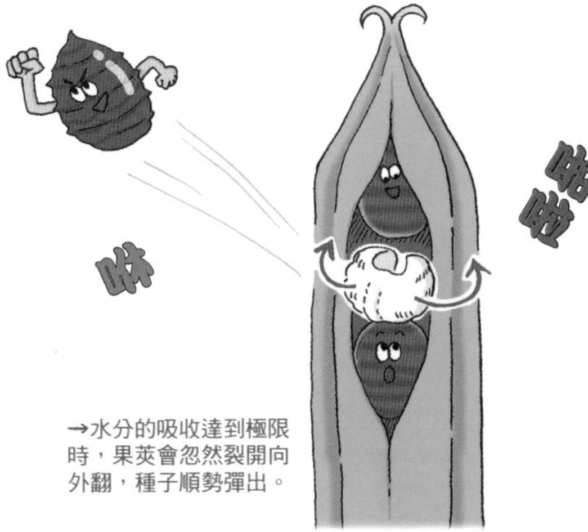

→水分的吸收達到極限時，果莢會忽然裂開向外翻，種子順勢彈出。

↑剛彈出來的種子表面是濕的，這樣會更容易附著。

←要是附著在衣服與鞋子上會黏得很牢，被帶到更遠的地方。

酢漿草是生長在庭院與路邊的小草。葉子是三枚一組的可愛心型，到了夜晚就像傘收起來一樣，閉起來休息。花朵是黃色的，結出小小的、形狀像秋葵的果實。

碰觸成熟後的果實，咻、咻咻！種子陸續飛出。仔細看，附有白皮的褐色種子正從果實的裂縫飛出來。

酢漿草種子彈飛的構造很獨特。包覆著種子、具有彈性的皮在瞬間外翻，藉著反作用力讓種子彈出。種子飛行的速度超過秒速一公尺，距離可達一到二公尺。

它還下了另一番工夫。當果莢破裂，剛飛出的種子是濕的，沾到人或東西上會附著。所以酢漿草不只是讓種子飛到附近，也藉由附在人的衣服或鞋子上，移動到更遠的地方。

越冬生草本
蟲媒花

救荒野豌豆

Vicia sativa

Family: 豆科　　Genus: 蠶豆屬

自動散佈．種子(乾溼運動)
豆果、捲曲裂開

劈里啪啦！四處彈射的黑豆子

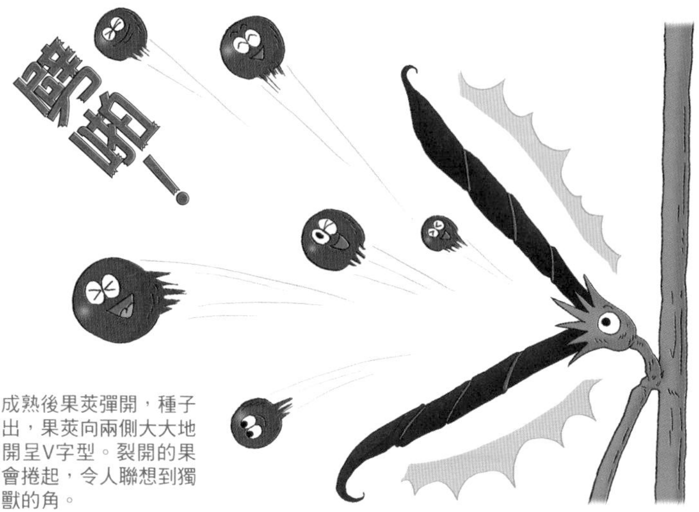
劈啪！

→成熟後果莢彈開，種子飛出，果莢向兩側大大地展開呈V字型。裂開的果莢會捲起，令人聯想到獨角獸的角。

NO.35

PROFILE

出生地	日本
住處	原野或路旁、田地的周圍
誕生月	3～6月
成人時期	5～7月
身高	2.5mm（種子） 2.5～5cm（果實）
食 藥 染 觀 遊 他	鮮嫩的果實與葉子可作為山菜食用。

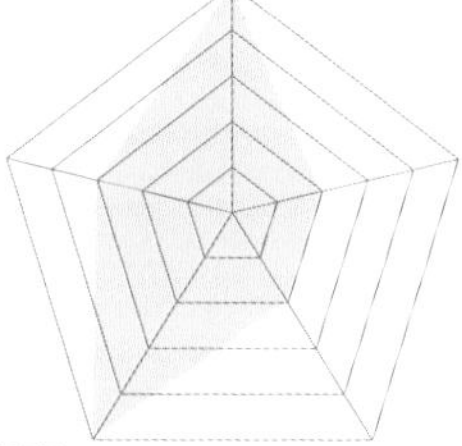
常見度
冒險度
子孫繁盛
親戚多寡
知名度

啪啪
啪啪
噢耶!!
劈啪
劈啪
啪啦
砰
恭喜喲
耶——!!
劈啪

←到處都有種子同時飛出，像不像在草叢裡放拉炮？

救荒野豌豆的夥伴

↓在相近的同類中，比較小型的小巢豆在小小的豆莢裡有兩粒種子，烏嘴豆的豆莢有四粒種子。烏嘴豆的日文名字正是取自「救荒野豌豆」與「小巢豆」日文的頭一個字。

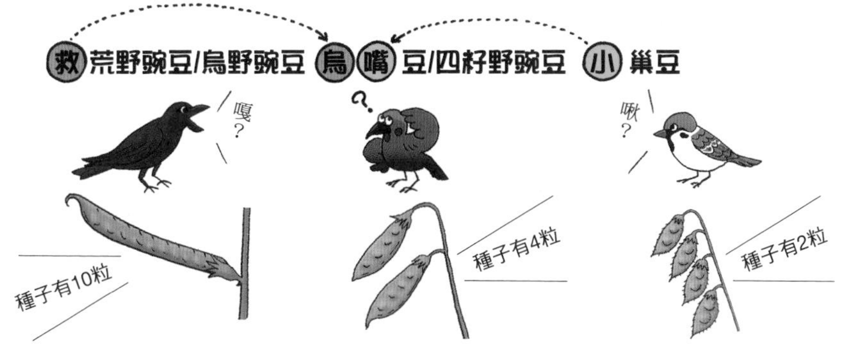
救荒野豌豆/烏野豌豆
烏嘴豆/四籽野豌豆
小巢豆
嘎？
啾？
種子有10粒
種子有4粒
種子有2粒

救荒野豌豆綻放著可愛的花，就像豌豆花的縮小版。藤蔓捲起纏繞著，在春天的草叢裡茂盛生長。開花後結出貌似迷你豌豆莢的果莢，趁著還鮮嫩時，也可以當作山菜食用。

在初夏時，豆莢變黑轉熟，這種野豌豆就像它的日文名字「烏野豌豆」一樣，結出烏鴉般黑色的種子。豆莢漸漸變乾，末梢出現微微的縫隙，在下一瞬間「啪」忽然裂開彈出，堅硬的種子向四面八方飛散。在晴朗的初夏正午，草叢裡到處響著「劈啪、劈啪」豆莢破裂的聲音。

它彈飛的原理是這樣：豆莢裡的纖維以斜向排列，乾燥收縮時扭轉，超過極限時會急速破裂。

在豆莢中大約有十顆小豆粒。就像所有豆科植物常見的狀況，這種豆子生吃恐怕含有毒性。

常綠闊葉樹
蟲媒花（雄花與雌花）

小葉黃楊*

Buxus microphylla

Family: 黃楊科 | Genus: 黃楊屬

自動散佈・種子（乾濕運動）
蒴果、分裂成三瓣

讓種子飛！好感情的貓頭鷹三兄弟

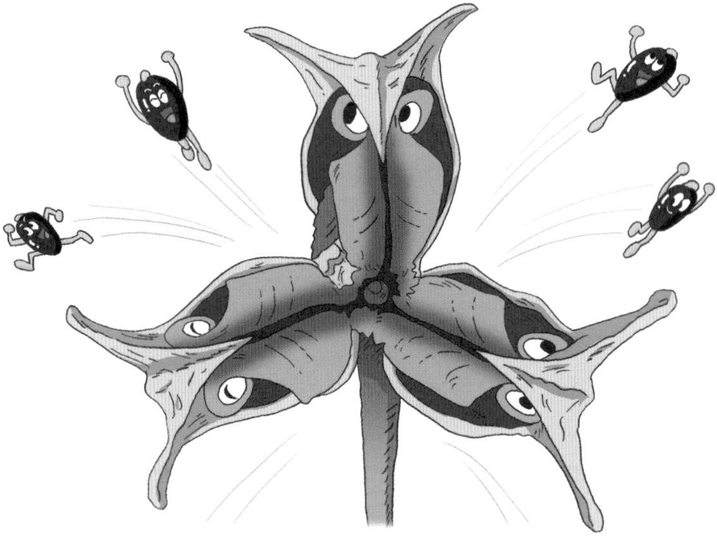

NO.36

PROFILE

出生地	日本
住處	庭院或公園（野生的並不多見）
誕生月	3～4月
成人時期	8月
身高	5mm（種子） 1cm（果實）

食 藥 染 觀 遊 他　栽培作為庭院樹木或樹叢。木材可以加工製成高級的梳子。

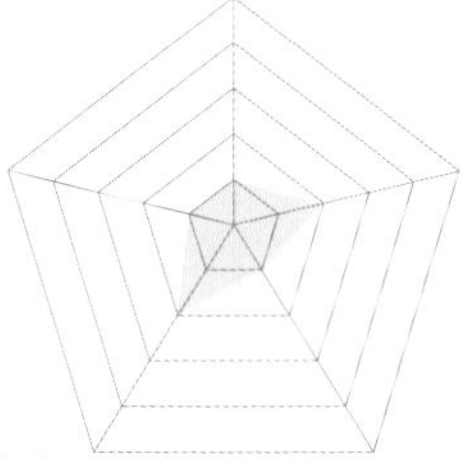
常見度
冒險度
子孫繁盛
親戚多寡
知名度

*編註：日文原文和名所指的應為「日本黃楊」，卻使用了小葉黃楊的學名，因後者及前者僅為原種及變種的關係，在此仍列小葉黃楊。

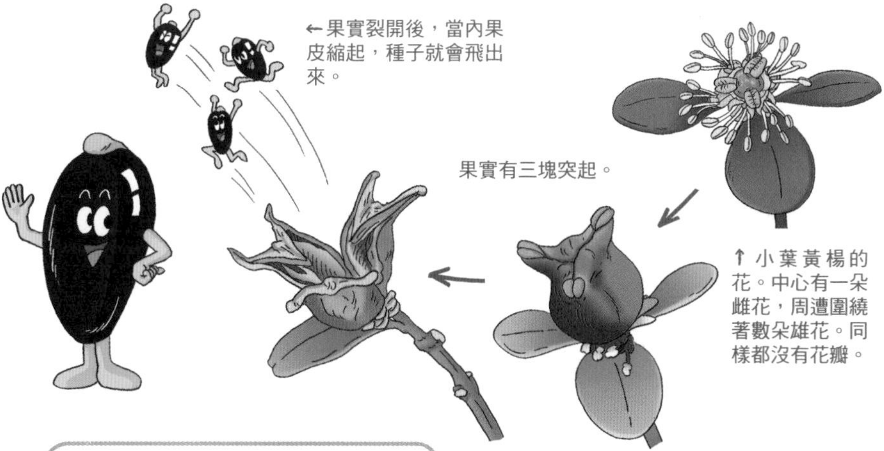

←果實裂開後，當內果皮縮起，種子就會飛出來。

果實有三塊突起。

↑小葉黃楊的花。中心有一朵雌花，周遭圍繞著數朵雄花。同樣都沒有花瓣。

小葉黃楊的花與果實

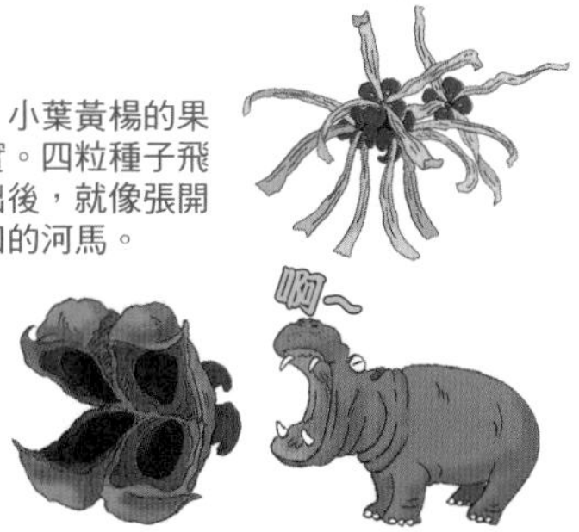

↓小葉黃楊的果實。四粒種子飛出後，就像張開口的河馬。

↑小葉黃楊生長緩慢而堅實，枝葉茂密而耐修剪，所以經常當作圍籬木種植。

小葉黃楊結的果很有趣，因為它的枝葉常遭修剪，如果能看到果實，那就真的很幸運。

小葉黃楊的果實有三處突起，夏季成熟時會裂出三個開口。不過，種子不會立刻飛出。外側有很厚的外果皮，內側是由內果皮包覆的黑色種子，已作好出發的準備。隨著內果皮乾燥收縮，產生的力量會將種子彈出。三顆種子彈出後，剩下裂開的果實，形狀看起來就像感情要好的貓頭鷹三兄弟！

在早春時會綻放黃色花朵的日本金縷梅，也是以同樣的方式讓種子飛翔。秋季時，長著短毛的外果皮會上下裂開，出現縫隙，可以窺見包覆種子的內果皮。當內果皮枯乾收縮，其中的兩顆種子會陸續發射。然後看起來就像大大張開口的河馬！

一年生草本（歸化）
風媒花

野燕麥

Avena fatua

Family: 禾本科　Genus: 燕麥屬

自動散佈・果實（乾濕運動）
穎果、芒會動

附渦狀彈簧裝置的旋轉鑽頭

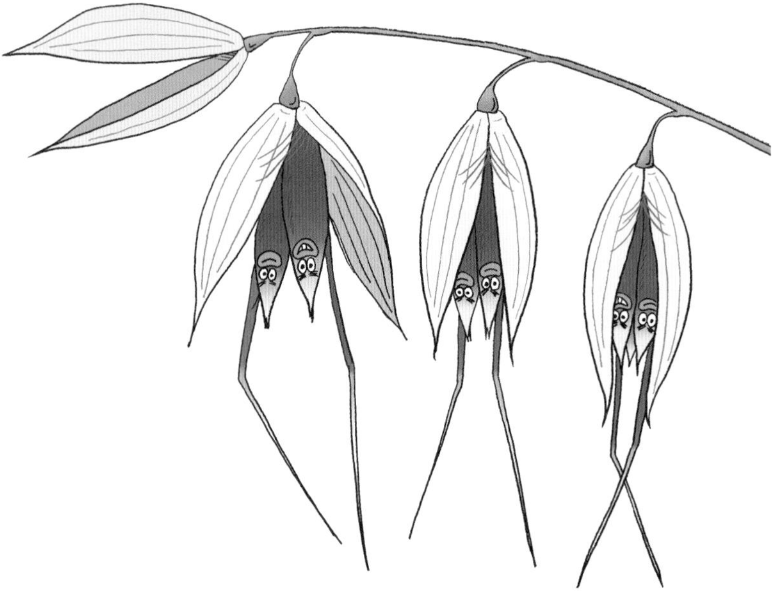

NO.37

PROFILE

出生地	歐洲、西亞
住處	原野或路邊、田地的周圍
誕生月	5～6月
成人時期	5～6月
身高	10mm（穎果）／ 3.5cm（含芒在內的穎果）

食 藥 染 觀 遊 他

野燕麥是長在田地與路邊的野草，在穎果掉落後，穎苞可以作為乾燥花。

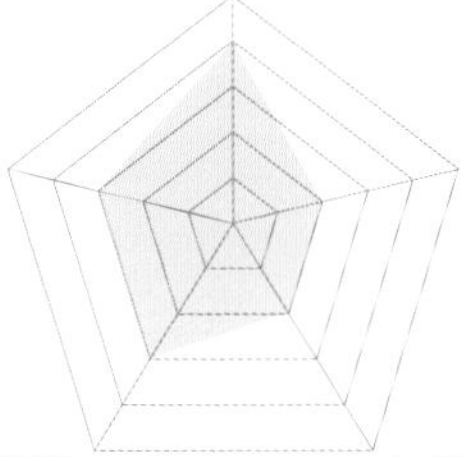

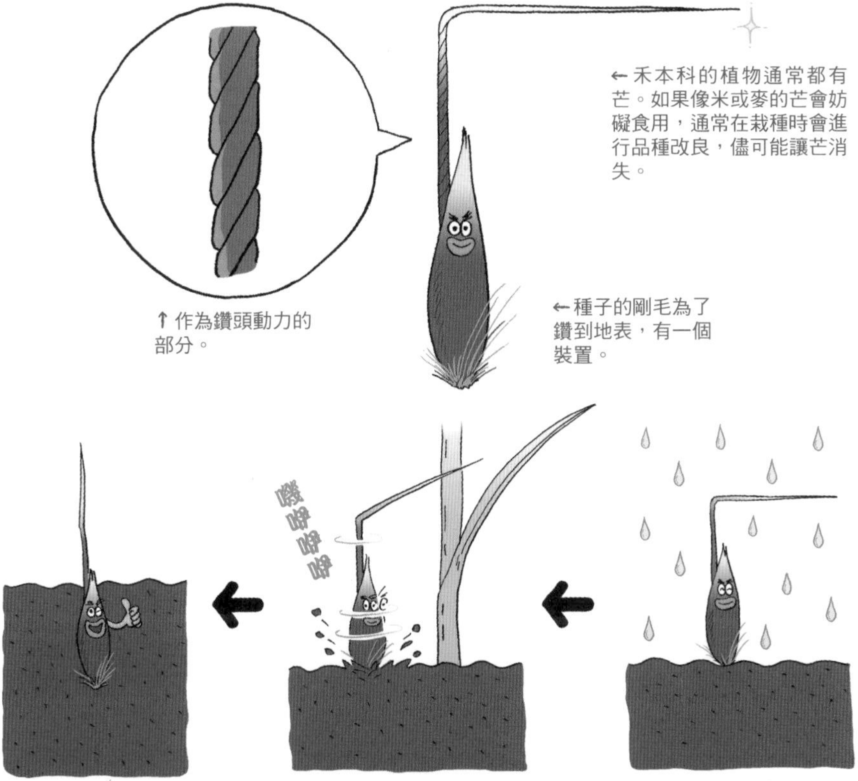

←禾本科的植物通常都有芒。如果像米或麥的芒會妨礙食用，通常在栽種時會進行品種改良，儘可能讓芒消失。

↑作為鑽頭動力的部分。

←種子的剛毛為了鑽到地表，有一個裝置。

↑馬達的動力是扭轉的部分。

↑下雨後，旋轉的部分鬆開，種子會一圈圈地旋轉。

↑如果仔細看，結果就像這樣。

野生的禾本科植物種子，經常附著稱為芒的刺，那麼，究竟芒的作用是什麼？

野燕麥的芒形狀像鐮刀，莖的部分像紙捻般扭緊。這個部分被水打濕會鬆開，鐮刀會慢慢地旋轉。乾燥時又會再旋緊，就像形狀記憶合金一樣，會恢復扭轉的形狀。

如果鐮刀固定下來不再旋轉，種子本身會開始旋轉。種子前端濃密地逆長著硬毛，種子像鑽頭般開始潛入土裡。

種子就是像這樣，在下雨跟乾燥的時候，讓芒旋轉深深地鑽進土裡。燕麥的原種也是營養價值高的種子，由於發明了芒這種旋轉鑽頭，可以幸運逃過被老鼠啃食的命運，在地下安全地避難。

專欄八

藏在地下的祕密

在地底也會結實的野毛扁豆

野毛扁豆是生長在鄉間草叢裡的豆科蔓性植物。秋季時開淡紫色的花，結出像豌豆的果莢。成熟後果莢彈開，種子會飛。

它是一年生草本，冬季時會枯萎，為了確保將種子留到翌年，它有祕密對策。伸出藤蔓，比一般的花更早在地底開出「閉鎖花」製造種子，以確保翌年的存續。

閉鎖花是由伸在地底的細枝所形成。花瓣退化成極小的花，雄蕊與雌蕊直接接觸受精，所以不需要蟲類的幫助也能百分之百結實。閉鎖花結出的果實是球形，成熟後不會飛彈，是名符其實的「一粒種」，它會度過冬天，在春季發芽。

閉鎖花的種子會繼承親代植物的基因。在親代成功存活的原地，也應該留下種子吧。另一方面，普通的花（相對於閉鎖花稱為開放花）則需要蜜蜂從別株運送花粉，製造出帶有不同特質的種子。這類種子會飛彈到較遠的地方，挑戰新環境。

開放花是淡紫色，秋季綻放。透過蜜蜂從別株野毛扁豆運送花粉結實。

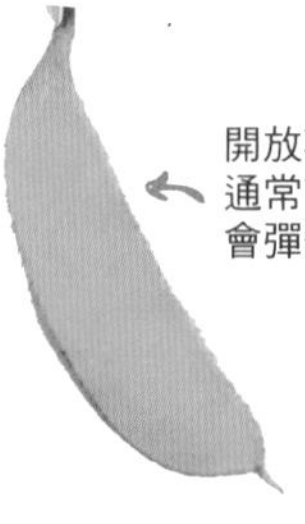

開放花的果實。種子通常有三粒，成熟後會彈飛。

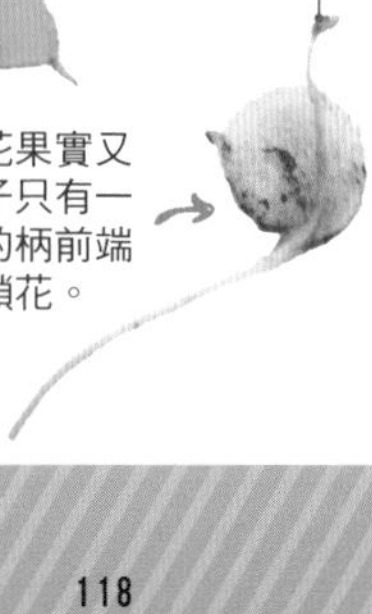

地下的閉鎖花果實又白又圓，種子只有一粒。在細長的柄前端膨脹的是閉鎖花。

由開放花結出像豌豆莢般的果實。從藤蔓垂下結實。

第六章

會附著的種子

日文裡稱為「黏人蟲」或「草蝨」的果實與種子類。顏色不顯眼，靜靜地等待著動物與人通過，附著在毛或衣服上，或是藉著沾黏移動。這類草通常長得比動物矮，在通道旁沿路生長。

一年生草本（歸化）
風媒花（雄花與雌花）

東方蒼耳

*Xanthium orientale**

Family: 菊科 | Genus: 蒼耳屬

附著散佈．果苞（帶鉤）
瘦果、果苞裡有二顆種子

刺上的鉤針
扒住了就不放

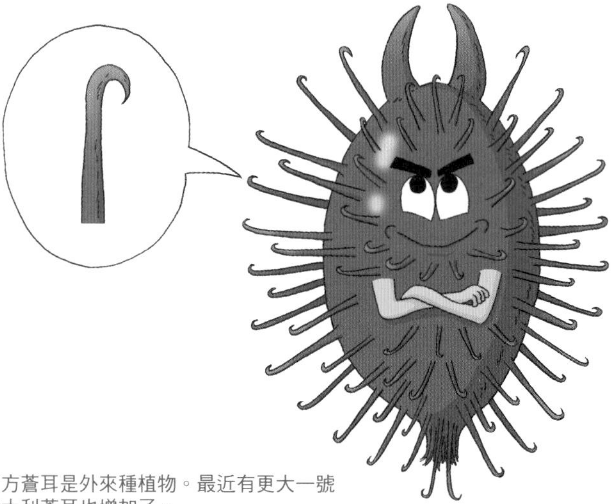

→東方蒼耳是外來種植物。最近有更大一號的義大利蒼耳也增加了。

NO.38

PROFILE

出生地	北美洲
住處	空地或水邊的草叢
誕生月	8～11月
成人時期	10～2月
身高	10mm（瘦果） 2cm（果苞）

食 藥 染 觀 遊 他 果苞可以丟來玩。據說在中國，種子可以提煉成優質的油。

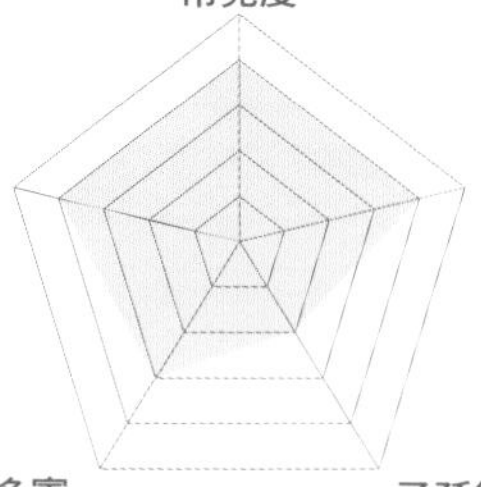

*編註：1) 作者原文所列的和名「オオオナモミ」，根據資料應該是 *Xanthium occidentale*，但作者卻用了 *Xanthium orientale*。故在此保留作者原使用的學名，以「東方蒼耳」稱之。
2) 目前已有研究認為 *Xanthium orientale*、*Xanthium occidentale*與台灣常見的蒼耳 *Xanthium strumarium* 應為同一種植物。

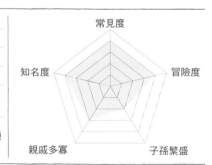

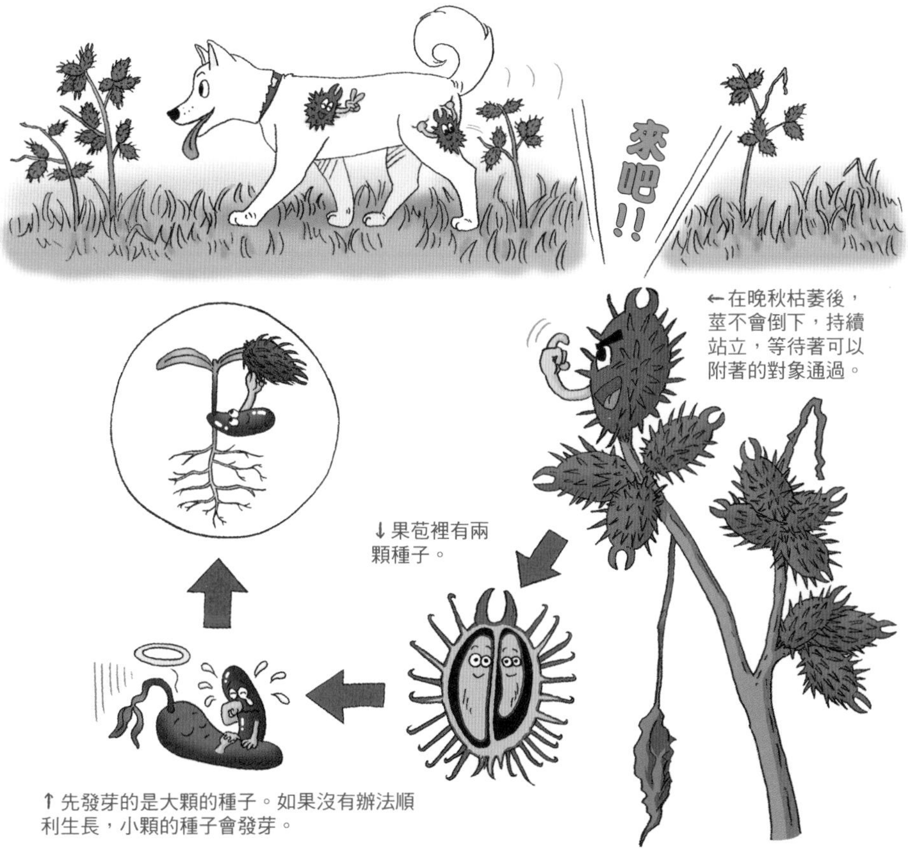

←在晚秋枯萎後，莖不會倒下，持續站立，等待著可以附著的對象通過。

↓果苞裡有兩顆種子。

↑先發芽的是大顆的種子。如果沒有辦法順利生長，小顆的種子會發芽。

東方蒼耳的果實就像魚類中的刺魨般，渾身上下都是刺。在刺的前端有倒鉤，藉機附在人或動物身上移動。丟著玩也很有趣，在小孩之間很受歡迎。

帶刺的果實是菊科植物特有的總苞，呈現一體化的壺狀，在植物學稱為果苞。裡面有兩顆種子。在果苞內有兩朵雌花綻放，同時培育種子。富有油脂的種子受到刺的保護。刺除了是武器，也同時帶有母親一般的溫柔。

不過，為什麼會有兩顆種子呢？

這兩顆種子有一定的大小，在春季時大顆的種子先發芽。如果新芽遭到意外，小顆的種子稍晚會發芽。有兩顆種子是為了預防萬一。在空地與河邊草原等變化激烈的環境下，這是野草求生存的智慧。

多年生草本（蔬菜・歸化）
蟲媒花

牛蒡

Arctium lappa

Family: 菊科 | Genus: 牛蒡屬

附著散佈・頭花（帶鉤）
瘦果、連總苞一起帶走

以前會飛 現在變身黏人蟲

↓牛蒡原產於歐亞大陸，在日本是食用蔬菜，在國外則被當成雜草。

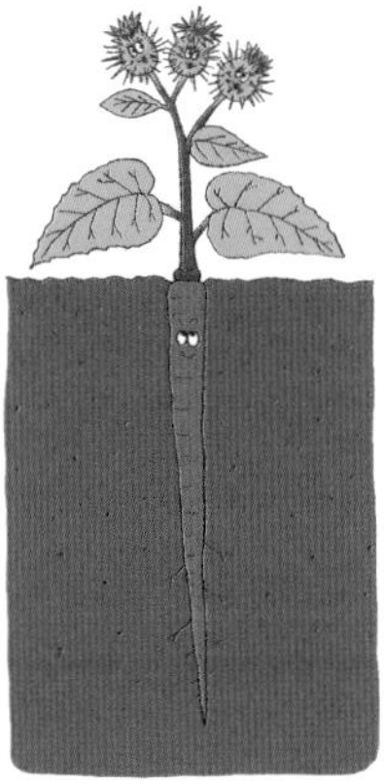

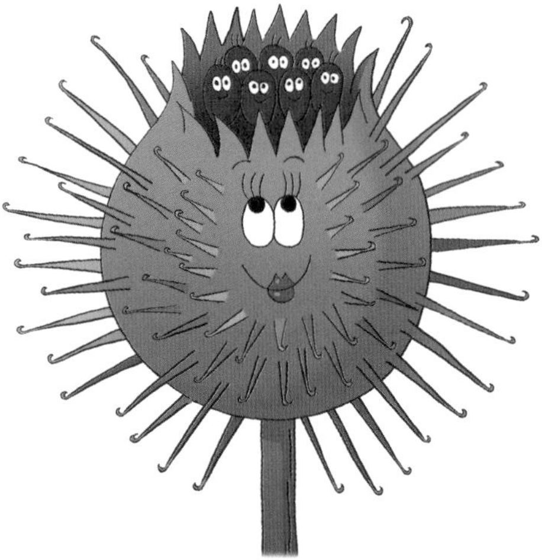

NO.39

PROFILE

出生地	歐亞大陸
住處	田地（栽培）、在北海道的路旁也有
誕生月	8～9月
成人時期	9～11月
身高	7mm（瘦果）／2 cm（果苞）／4 cm（含刺在內的果苞）

食 藥 染 觀 遊 他 根部是蔬菜。魔鬼氈的發明就是從牛蒡總苞的鉤針獲得靈感。

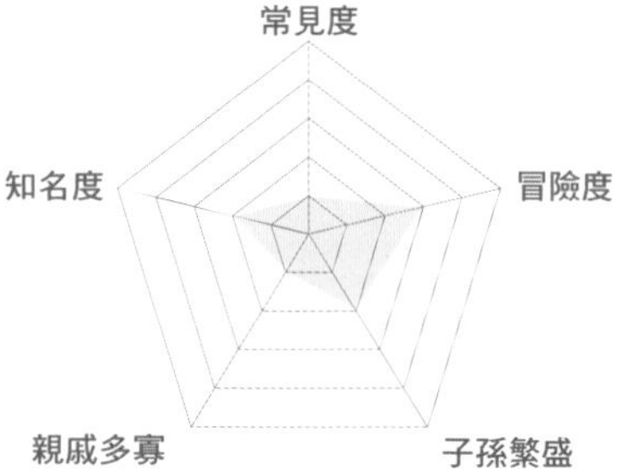

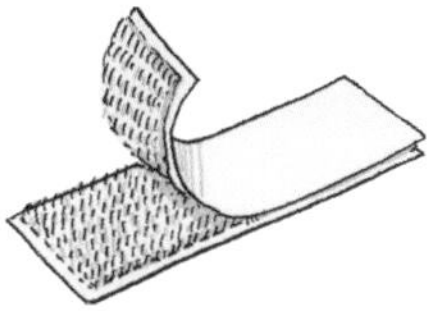

↑牛蒡總苞的鉤針也為魔鬼氈的發明帶來靈感。

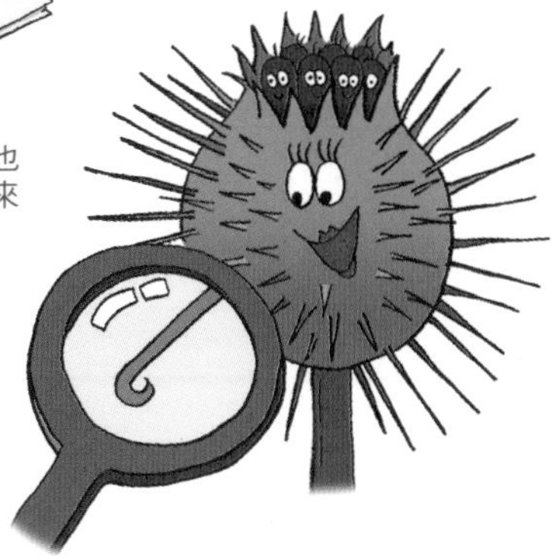

→刺的頂端是鉤針。

↖種子會連總苞一起附著在人與動物上，沿路散佈。

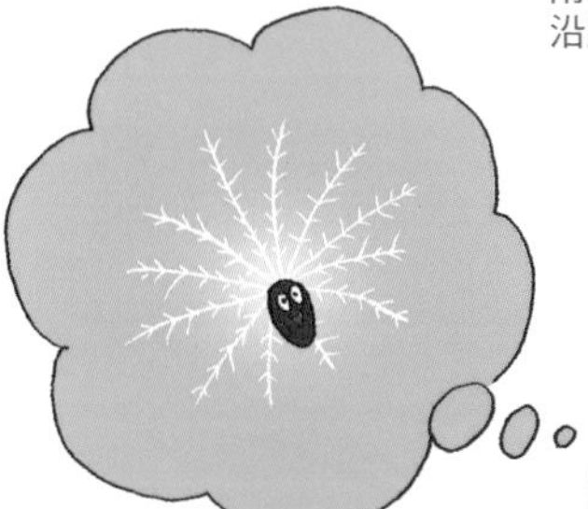

↑仔細看種子的頭，上面有短短的冠毛。現在牛蒡的果實已徹底變成「黏人蟲」，不過種子還留下遙遠的過去飛在空中的痕跡。

↑花朵是跟薊類很像的集合花。由許多小花構成一粒粒的種子，身為母親的總苞，也支持著結成種子的孩子們。

牛蒡這種蔬菜的果實就像刺魨一樣。花朵是紫紅色，跟同屬於菊科的薊花（24頁）很像。菊科的花是小型花的集合體（頭花），支撐頭花的部分是「總苞」，完整的一片稱為總苞片。牛蒡的總苞片又長又硬，前端有鉤。

牛蒡的果實藉著倒刺勾住人或動物，整粒總苞也跟著移動，種子沿路掉出來。在國外牛蒡是不太受歡迎的野草，不過也帶來發明魔鬼氈的靈感。

在牛旁的總苞中有許多種子，種子頂端有短而容易拔的冠毛。其實牛蒡過去跟薊一樣，結出藉著冠毛飛翔的種子。不過在進化的過程變身為「黏人蟲」，捨棄了冠毛。在留傳下來的冠毛中，可瞥見過去的遺跡。

多年生草本
風媒花

狼尾草

Pennisetum alopecuroides

Family: 禾本科 | Genus: 狼尾草屬

附著散佈・果實（有倒刺）
穎果、多半有長芒

祕密武器
勾勾纏的倒刺

→在芒與短軸上都生長著倒刺。這是狼尾草的祕密武器。

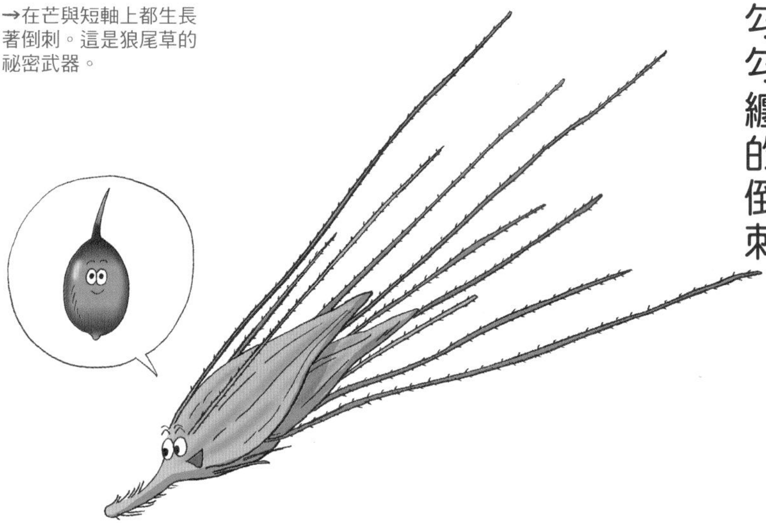

NO.40

PROFILE

出生地	日本
住處	山野的草叢與路邊
誕生月	8～9月
成人時期	9～12月
身高	10mm（穎果） 2.7cm（含刺在內的穎果）
食 藥 染 觀 遊 他	雖然是野地的黏人草，由於剛長出的果穗很美，所以也有人種植在庭院。

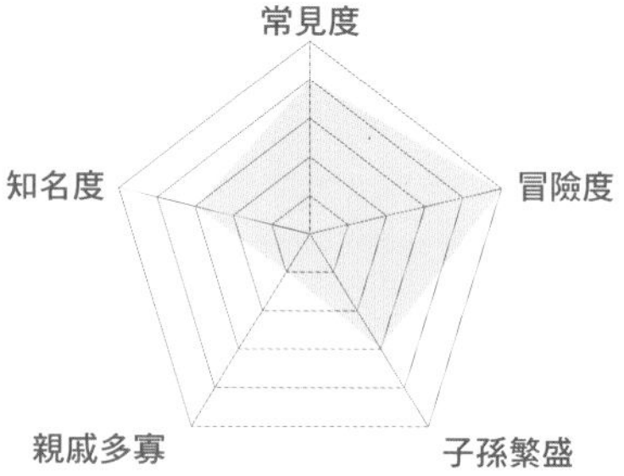
常見度
冒險度
子孫繁盛
親戚多寡
知名度

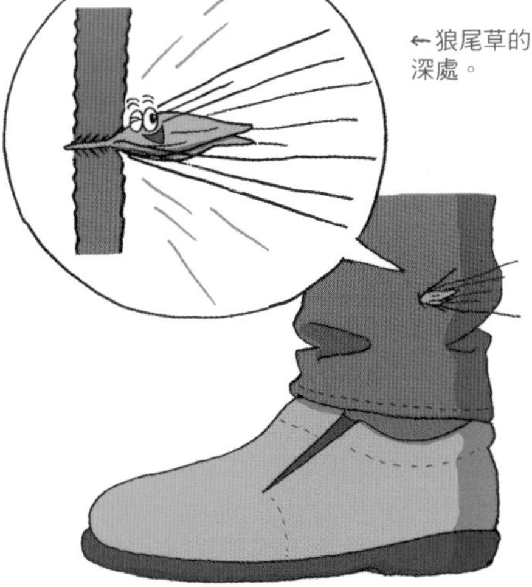

←狼尾草的種子可以潛入纖維的深處。

←把種子放進塑膠袋晃動，會自然地聚集在角落。

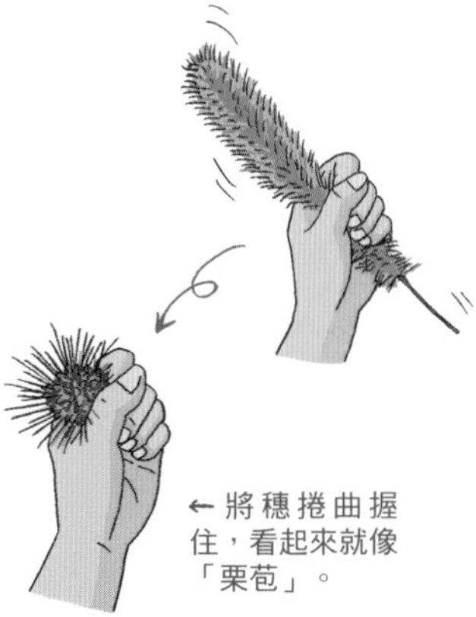

←將穗捲曲握住，看起來就像「栗苞」。

狼尾草是生長在河邊土堤或田埂的禾本科雜草，葉子與莖都很強韌，用力扯也拔不起來，因此日文又稱為「力芝」。在夏季的尾聲，會長出比狗尾草稍微大一些的穗。未成熟的穗泛著紫色很漂亮，不過等種子在晚秋成熟後，就會轉變為棘手的黏人蟲。

如果碰到成熟的穗，種子會附著在衣服上。大部分的種子都有長長的芒，看起來就像彗星尾巴一樣，芒上有細微的倒刺會勾住纖維。

而且不只這樣，除了掃帚狀的芒與附帶的倒刺之外，短軸上也有逆毛，所以種子可以頭朝外向裡刺。加上振動時，種子會朝纖維的深處前進，持續潛航接觸到肌膚。注意時才發現它躲在衣服或襪子上，成為造成刺痛的原因。想取都取不下來，真是可恨的傢伙。

多年生草本
蟲媒花

圓菱葉山螞蝗

Hylodesmum podocarpum

Family: 豆科 | Genus: 圓菱葉山螞蝗屬

附著散佈・果實（帶鉤）
節莢果、表面有許多鉤子

看不見的小刺 躡手躡腳搭便車

別跑!!

NO.41

PROFILE

出生地	日本
住處	山野明亮的樹林、草叢、路邊
誕生月	8～11月
成人時期	10～2月
身高	6mm（種子）／ 1.4cm（兩顆連在一起的果實）

食 藥 染 觀 遊 他　讓種子黏在衣服上也很有趣。花長得很可愛，但沒有人特別栽種。

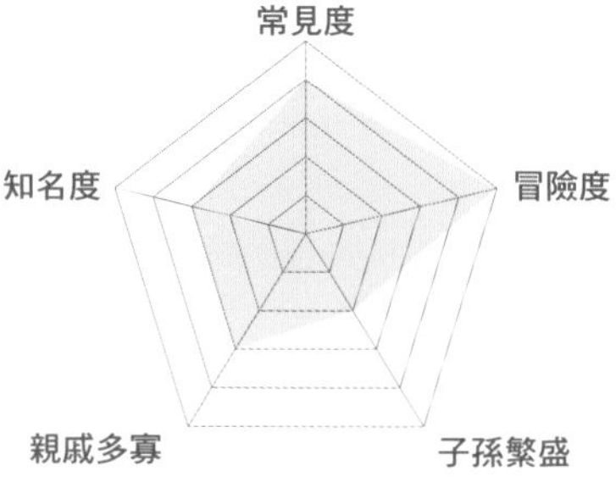
常見度
冒險度
子孫繁盛
親戚多寡
知名度

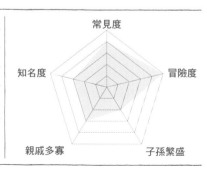

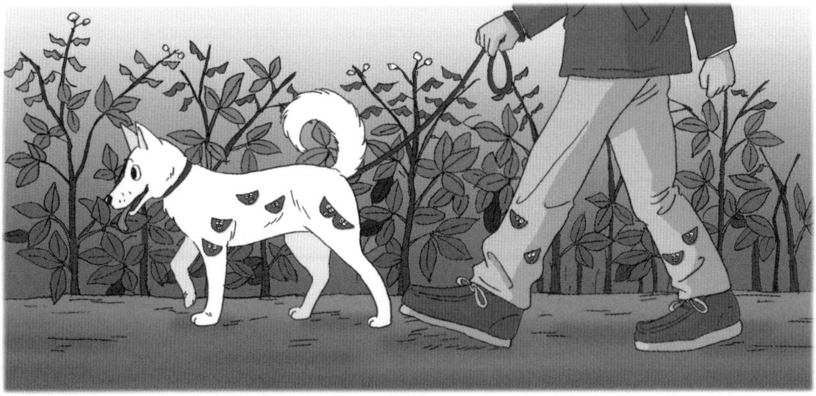

↑走在草叢間立刻會沾上。不論是狗毛或人的衣服，都會附著。

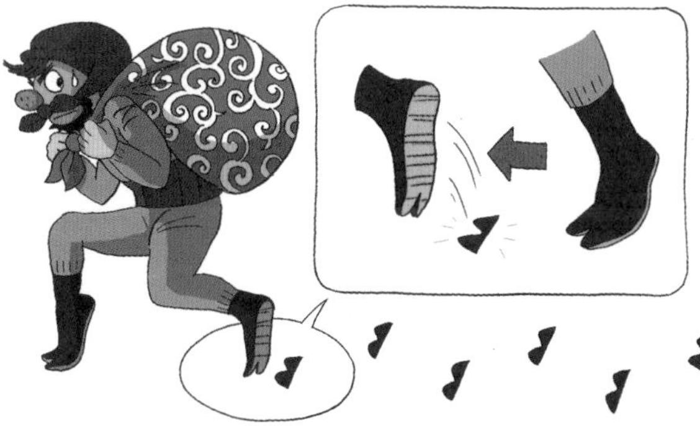

↑躡手躡腳，由於形狀跟踮腳走的腳尖足跡很像，成為日文名字「盗人萩」的由來。

→果實是兩顆一組，表面有無數微小的鉤子。

走在秋季的山野，衣服常常會沾上許多頑皮的野草種子。這些種子的顏色都不醒目，默默地在草叢中等待機會。

形狀看起來像墨鏡，等著人經過的是圓菱葉山螞蝗。從一朵花會結出兩顆一組的果實。

在果實表面有無數肉眼看不到的小鉤，像魔鬼氈般附著在動物的毛與人的衣服上。附著後裂成單顆，掉落在某處。

它的日文名字「盜人萩」來自兩顆連在一起的果實形狀。以前的小偷會穿著分趾鞋，肩上背著唐草圖樣的風呂敷包，踮著腳尖躡手躡腳地走著。在地板上留下的腳印，看起來就像圓菱葉山螞蝗果實的形狀，所以才有這個名字。

一年生草本
蟲媒花

腺梗豨薟

Sigesbeckia pubescens

Family: 菊科　Genus: 豨薟屬

附著散佈．果實（黏液）
瘦果、連著整顆總苞一起移動

用黏黏的袋子宅配運送

→倒過來的話，就像聖誕老公公的袋子。以沾黏的方式將黏性強的種子配送到各處。

NO.42

PROFILE

出生地	日本
住處	山野的路旁
誕生月	9～10月
成人時期	10～11月
身高	2mm（瘦果） 0.8cm（果苞）

食 藥 染 觀 遊 他　將整株草乾燥後可以作為藥材。

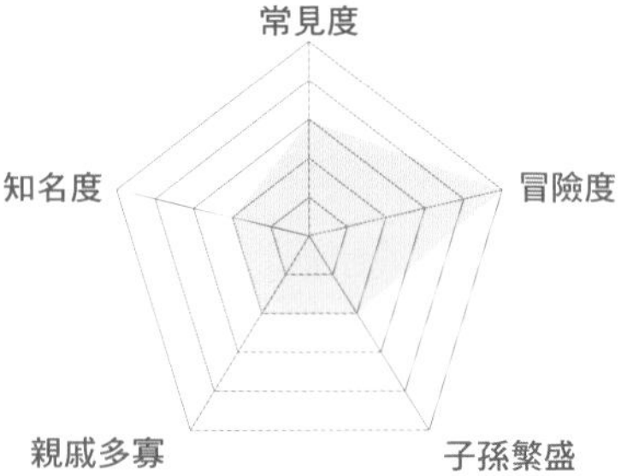

↓雖然花瓣還在，子房已轉變為果實。花瓣令人聯想到王冠。

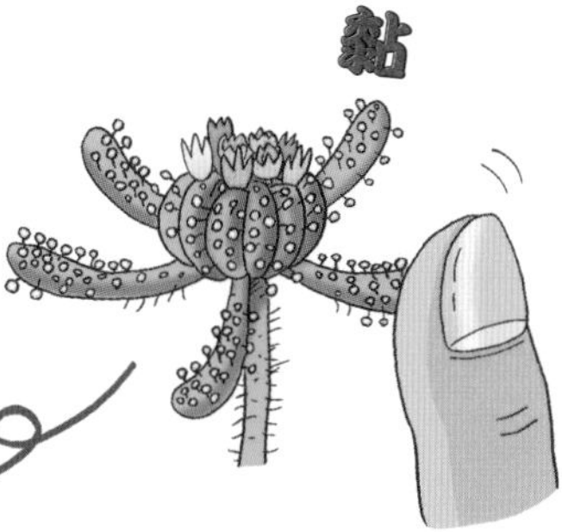

↑頭花連著總苞片一起解體，有許多種子搭乘在總苞片的雪橇上。

↓腺梗豨薟的頭花。四周圍繞著舌狀花。

↓在日文中，腺梗豨薟（MENAMOMI）是相對於帶刺粗獷的蒼耳（ONAMOMI）而取的名字。

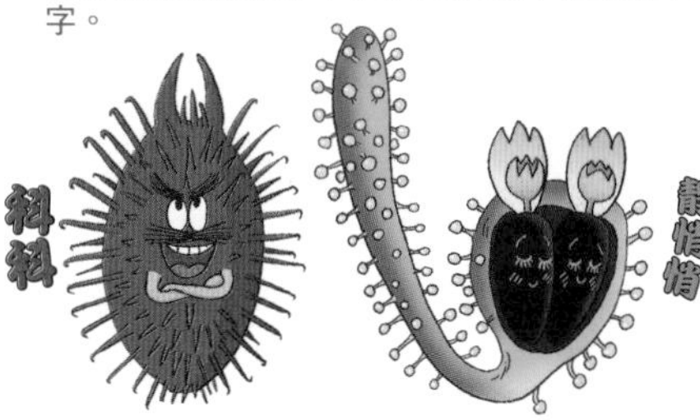

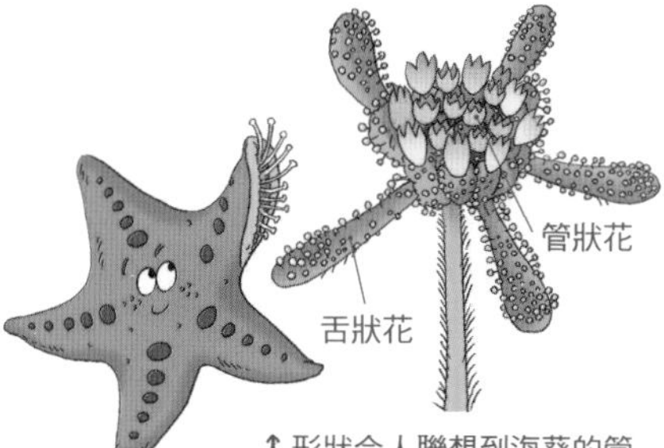

↑形狀令人聯想到海葵的管足。

腺梗豨薟是里山路旁常見的菊科雜草，到了深秋時分，在分岔的莖部末梢成群綻放著黃色的小花，彷彿有些羞怯。

在花朵周遭圍繞著數根突起物，猶如綠色的手臂。仔細看，這些手臂令人聯想到人的手，末梢有無數圓形的突起。如果試著稍微碰觸，感覺黏黏的。還有幾朵花零星地附在上面！

雖然花瓣還殘留著，但其實已經結成果實。綠色的手腕是總苞片，生長著無數帶有黏液的腺毛。總苞片的末梢形成湯匙狀，抱著幾顆種子（瘦果）。人或動物接觸後，帶著種子的總苞片就會分解脫落。

相對於蒼耳代表著「雄」，腺梗豨薟象徵著「雌」。同屬於會附著的種子，腺梗豨薟更柔軟而且黏性更強。

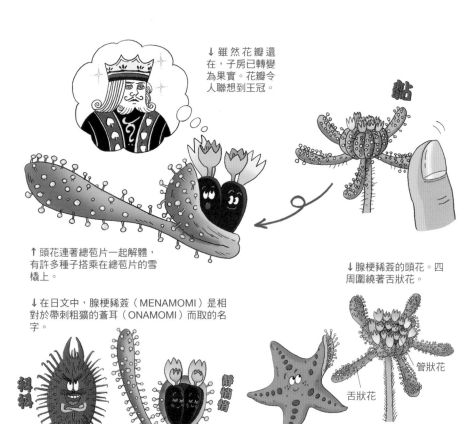

會附著的果實與種子忍術道具

走在森林或草叢間，草的種子會附著在衣服上。那是利用人或動物搭便車，彷彿小小忍者般的種子們。像是鉤針、沾黏、倒刺、化身為髮夾等，它們所使用的忍術道具相當精巧。

鉤針型種子

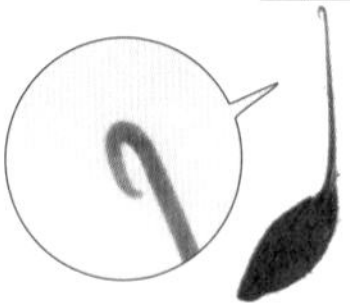

日本路邊青　薔薇科

花柱前端彎成鉤針狀。

圓菱葉山螞蝗　豆科

果實的表面密密生長著鉤針狀的毛。

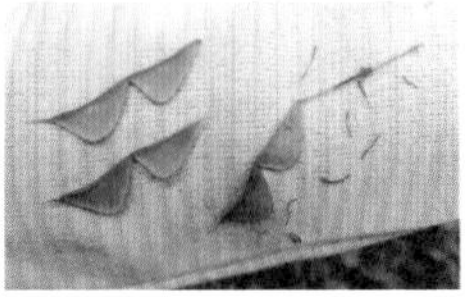

羽葉山螞蝗　豆科

跟圓菱葉山螞蝗的構造相似。會結出較大的果實。

金線草

蓼科

花柱分成兩半，前端形成鉤針。

東方蒼耳

菊科

比蒼耳更大，刺也更尖銳。

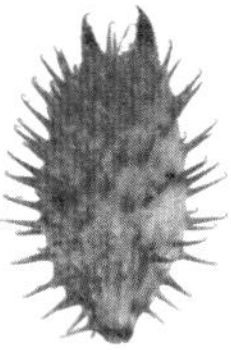

蒼耳

菊科

雖然是日本原生的品種，卻比較少見。

義大利蒼耳

菊科

粗大而且有分岔的利刺令人疼痛。

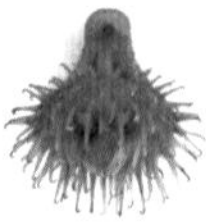

龍牙草

薔薇科

像裙子一樣展開來的毛，尖端呈鉤針狀。

南方露珠草

柳葉菜科

果實表面群生的毛呈現鉤狀。

紫花竊衣

繖形花科

每顆果實結兩粒種子，長著鉤針狀的刺。

黏著性種子

腺梗菜 菊科

果實有分泌黏液的腺點。

果實立體地集中在一起。

腺梗豨薟 菊科

總苞片長著會分泌黏液的腺毛。

下田菊

菊科

在三到四根冠毛間有黏毛。

倒刺型種子

大狼杷草

菊科

有兩根突起的逆刺。

鬼針草

菊科

有二到三根突起的倒刺。

狼尾草

禾本科

在果實的軸與芒上有倒刺。

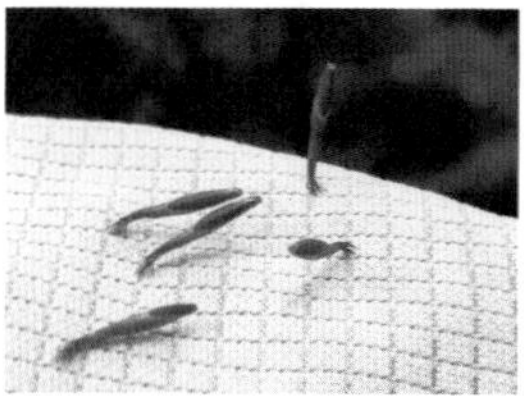

日本莠竹

禾本科

在穎的尖端有倒刺。

髮夾型種子

日本牛膝

莧科

附在果實旁的總苞看起來像髮夾。

專欄九

「惡魔之角」角胡麻 世界最大的帶刺種子

在海外也有巨大的「帶刺種子」。角胡麻的原產地在北美洲，屬於唇形目角胡麻科，莖會在地面匍匐，夏季時綻放淺紫色美麗的花。未成熟的肥厚果實在當地是泡菜的材料。不過，角胡麻的果實成熟後就開始變身為惡魔。柔軟的果皮腐爛剝落，出現帶有兩支角、佈滿硬刺的果實。這就是綽號「惡魔之角」，世界上最大的帶刺種子。

角爪很硬而且帶有彈性，前端又尖又利。果實在地面朝上捲起，等待著目標通過。如果用自己的拳頭代替動物的腳靠過去，喔！好痛！手肘立刻被牢牢抓住，想甩都甩不掉。

這種果實徹底成熟後，兩根爪子之間會出現裂縫。也就是果實抓住動物的腳後，趁移動時會沿路散佈種子。

角胡麻以前遍佈在北美大陸的大草原，這些土地現在已成為廣大的牧場與種植穀物的農田。當地過去有大群的美洲野牛，它的目標應該是野牛群吧。

名為「惡魔之爪」，同屬植物的果實。柄比較短，果實整體覆蓋著刺。

角胡麻的果實與種子。上面長著一列粗刺。果實本體的部分約有六到七公分。

角胡麻的花與鮮嫩的果實。整體飽含水分而且肉質厚，趁未成熟時可以食用。

第七章

堅硬的種子

包括像橡實或胡桃等堅硬的果實，也就是所謂的「堅果」類。在子葉中蘊含澱粉、油脂等豐富的養分，並受到堅硬的殼保護。具有重量會垂直落下，由松鼠、老鼠，以及烏鴉、赤腹山雀等有儲藏食物習性的動物搬運。

日本胡桃 *

Juglans mandshurica

落葉闊葉樹
風媒花(雄花與雌花)

Family: 胡桃科

Genus: 胡桃屬

貯食・水散佈・堅果
堅果、殼非常硬

頭殼超堅硬 果仁超美味

→日本胡桃的殼很硬，就算用榔頭敲，也不會立刻碎裂，硬得像石頭一樣。胡桃殼的碎片有時會跟橡膠混在一起，作為製作雪胎（studless tire）的原料。

NO.43

PROFILE

出生地	日本
住處	山野的樹林與水邊
誕生月	5～6月
成人時期	9～10月
身高	3cm（堅果） 5cm（果實）
食 藥 染 觀 遊 他	含油脂可以食用。外殼也用來製作雪胎。

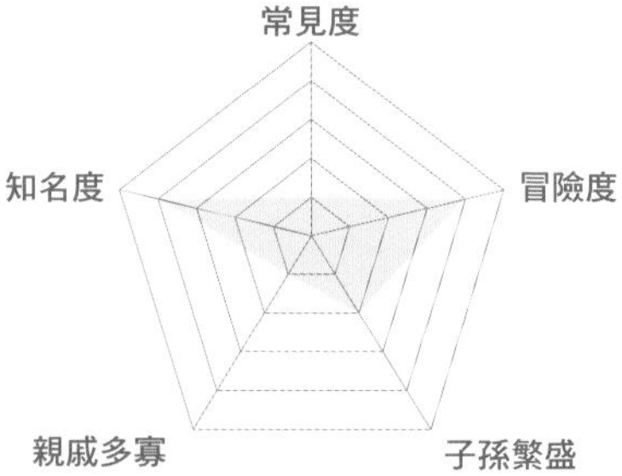

*編註：此處作者所列的為「胡桃楸」的學名，日本胡桃的現用學名為*Juglans ailantifolia* Carrière。

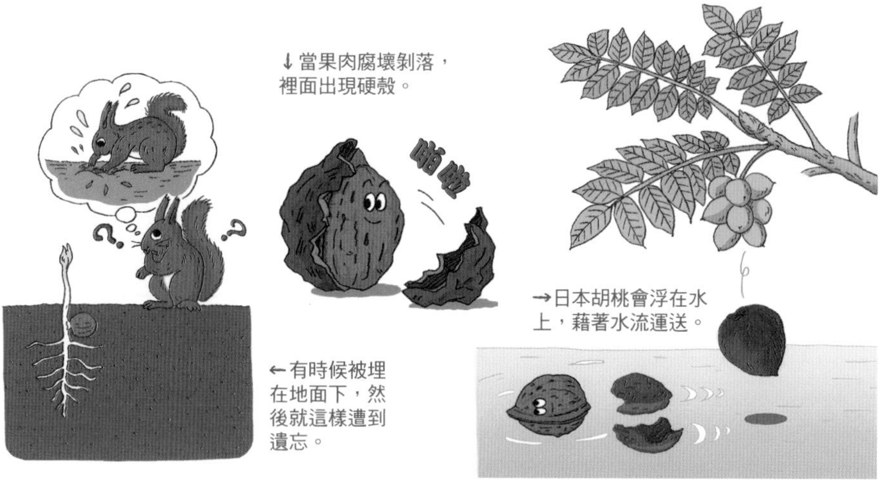
↓當果肉腐壞剝落，裡面出現硬殼。
啪啦
←有時候被埋在地面下，然後就這樣遭到遺忘。
→日本胡桃會浮在水上，藉著水流運送。

↓松鼠會用牙齒啃日本胡桃的殼，撬成兩半後吃掉果仁。
叩叩叩
↓姬鼠會從胡桃殼的側面咬洞，啃食裡面的果仁。
咔吱咔吱

日本胡桃是日本的野生胡桃。由於會浮在水上漂流，所以經常生長在河邊的平野。殼比市面上販售的西洋胡桃更厚更硬，果仁（含油脂的子葉部分）是美味的堅果。

硬殼除了「會浮起」，也形成重要的共生關係。能啃破日本胡桃殼的動物，只有松鼠與姬鼠。牠們雖然會啃食果仁，但是因為埋藏冬季的儲存糧食，會遺漏一部分沒吃掉的日本胡桃，等於在幫忙播種。雖然水與重力會使種子向下移，動物們卻能將種子搬運到斜面上。

樹上未成熟的日本胡桃果實含有苦澀的單寧，成串包覆著綠色的厚皮垂吊著，如果不知道的話，可能根本看不出是胡桃。果實成熟後落在地面，果皮會轉為黑色變得黏稠，讓堅硬的日本胡桃露面。

落葉闊葉樹
風媒花（雄花與雌花）

蒙古櫟

Quercus crispula

Family: 殼斗科 | Genus: 櫟屬

貯食散佈・堅果
堅果、由殼斗保護成對生長

儲食過冬
藏著藏著就忘了呢

NO.44

PROFILE

出生地	日本
住處	山林
誕生月	5月
成人時期	9～10月
身高	2～3cm（堅果）

食 藥 染 觀 遊 他

在北國常見的橡實。過去在山村會去除澀味後食用，或是當作儲存的食物。

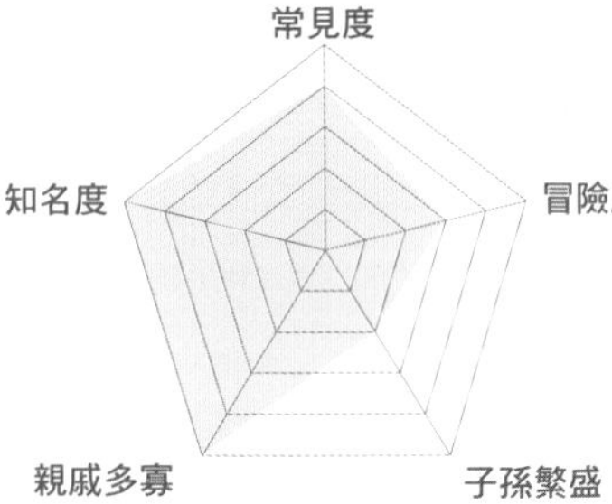

↓儘管如此，松鼠或老鼠為了禦冬，仍會勤勞地埋下橡子貯藏。

↑橡子以堅硬的殼保護果實。果實的味道也很苦澀，形成雙重保護。

↑掉落在樹木正下方的橡實，就算發芽也無法繼續成長。松鼠或老鼠會將橡實搬到更遠的地方埋藏起來。

↑蒙古櫟的橡實要是掉落到地面上，立刻會長出根。如果乾掉就會死亡，所以最好被埋起來。

橡樹生長在寒冷的地方，橡實像卵形，殼斗則有瓦片般的紋路。

橡實的內容物，是身為母親的樹木所準備的便當，充滿營養，不過也成為熊、鹿、松鼠、老鼠等森林裡動物們的糧食。橡實同時準備了堅硬的殼，以及苦澀的成分「單寧」作為抵抗，不過還是會被吃掉。昆蟲也會吃橡實。剪枝象蟲會在枝頭上結的未成熟橡子上產卵，然後「喀擦」一聲把枝葉切落。栗實象蟲的幼蟲也是吃橡子長大。

不過橡實也善加利用了動物。松鼠與老鼠會將橡實搬運到其他地方埋起來，儲存作為冬季的糧食，有一部分會殘留下來長出新芽。於是橡實就能在新的地方繼續生長。藉由橡實與昆蟲、動物之間的關係，讓豐饒的森林延續下去。

橡實身高比一比

橡實包括殼斗科的櫟樹與橡樹、錐栗樹等伙伴們的果實。橡實的「殼斗」是從總苞片變化而來，外觀像「帽子」或「木碗」一般。

青剛櫟

1.1 ～ 1.7cm

個頭小而圓。帽子上有淺淺的橫紋。

日本椆

1.2 ～ 1.8cm

錐栗的果實可食用。殼斗將橡實全面包覆。

長尾椆

0.6 ～ 1cm

因為小顆所以能整顆吞下。在西日本很多。

赤皮

1.5 ～ 2.0cm

橡子有金色的毛與粗角。帽子有橫紋。

日本常綠橡樹

1.6 ～ 2.3cm

殼很厚又堅硬。帽子外有橫紋，摸起來很柔軟。

姥芽櫟（烏岡櫟）

1.5 ～ 2.5cm

底部細窄，殼斗像有鱗片的錐形。

日本石柯

2.5 ～ 3 cm

屁股很厚，可食用。帽子會連著樹枝一起掉落。

大槲樹

2 ～ 3.5cm

葉子與槲樹相似，果實與帽子跟蒙古櫟很像。

柯（子彈石櫟）

1.7 ～ 2.3cm

屁股凹陷，所以日文和名為「尻深樫」。帽子會連同果梗一起掉落。

枹櫟

1.7 ～ 2.8cm

也有細長的種類。帽子有鱗片狀的紋路。

黑櫟（小葉青岡）

1.5 ～ 2cm

上半身有點胖。帽子薄，有橫紋。

毬子櫟

1.7 ～ 2.2cm

屁股硬而堅固，帽子又厚又柔軟。

白背櫟

1.5 ～ 2.3cm

屁股稍微有點鈍，帽子上有較深的橫紋。

栓皮櫟

1.3 ～ 2.5cm

渾圓的橡子。帽子比麻櫟厚。在西日本很多。

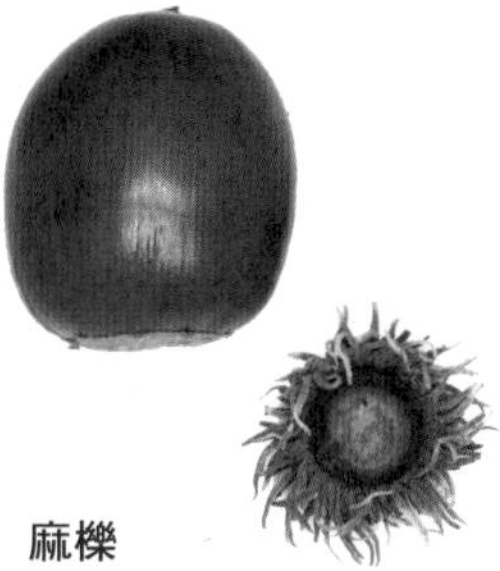

麻櫟

2 ～ 2.7cm

圓圓的橡實很受歡迎。帽子長得多毛蓬亂，而且脆弱。

槲樹

1.5 ～ 2.5cm

圓滾滾。枯乾的帽子令人聯想到紅褐色的頭髮。

沖繩白背櫟

3 ～ 3.5cm

分佈於奄美大島以南，是日本最大的橡實。帽子也很厚。

沼生櫟

2.5 ～ 3cm

北美的大型橡實。帽子是平坦的貝雷帽。

蒙古櫟

2 ～ 3 cm

大個頭的苦澀橡實與有鱗片紋路的種子。常見於北日本。

落葉闊葉樹
蟲媒花（雄花與兩性花）

日本七葉樹

Aesculus turbinata

Family: 無患子科 | Genus: 七葉樹屬

貯食散佈．種子（堅果）
蒴果、分成三粒

慷慨闊氣的森林大戶

大家都
還好嗎？
你們要
多吃一點喲!!

NO.45

PROFILE

出生地	日本
住處	山林、公園與街道
誕生月	5～6月
成人時期	9～10月
身高	3～4cm（種子） 4～6cm（果實）

食 藥 染 觀 遊 他 將種子的澱粉去除澀味後，可以製作麻糬或糰子。種植在城市裡作為行道樹。

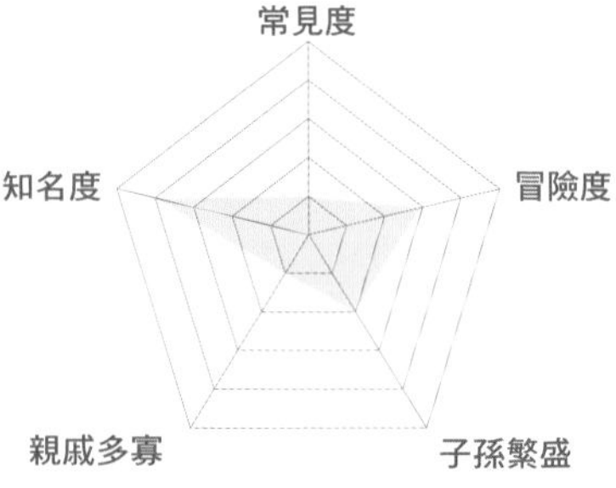
常見度
冒險度
子孫繁盛
親戚多寡
知名度

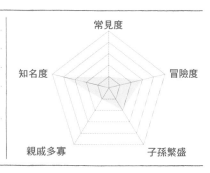

從下往上看，是不是像猴子呢？
→跟栗子很像，但栗子屬於殼斗科，七葉樹屬於無患子科，雙方其實毫無關係。
↓森林裡的老鼠們也很喜歡日本七葉樹的果實。藉著老鼠，可以將橡實帶到遠方。
↓去除苦味的七葉樹餅。過去是饑荒時的儲備糧食，因此人們會大量撿拾日本七葉樹的果實。
MOCHI

↑日本七葉樹會長成直徑四公尺、高三十公尺的大樹。果實含優質澱粉，從繩文時代開始，人們就懂得利用這項森林恩賜的食材。

日本七葉樹伸展著大片的葉子，長成粗而高大的樹木，自古以來就贈予鄉間的居民食物。它的外觀與巴黎的歐洲七葉樹相似，經常種植在公園或作為行道樹。

春季時，枝頭上出現大型的花序，從遠處就能看到。秋季時結出高爾夫球大的沉重果實，成熟後就落到地面。割開厚厚的果皮，出現的是滑溜的大顆種子。表面泛白的部分是與親代植物相連的肚臍。

這就是所謂山林的恩賜「七葉樹橡實」，費些工夫除去澀味後，就能作成美味的麻糬或糰子。在日本國語教科書提到的「魔奇魔奇樹」就是它。森林裡的松鼠或老鼠會搬運七葉樹的種子埋在土裡，冬季時大多數會被吃掉，但是一部分會留下來發芽。森林裡的動物與日本七葉樹之間，有著長期的融資借貸關係。

常綠闊葉樹
鳥媒花

日本山茶

Camellia japonica

Family: 山茶科 | Genus: 山茶屬

貯食散佈・種子(堅果)
蒴果、分成三粒

茶籽披上盔甲與蟲蟲對抗

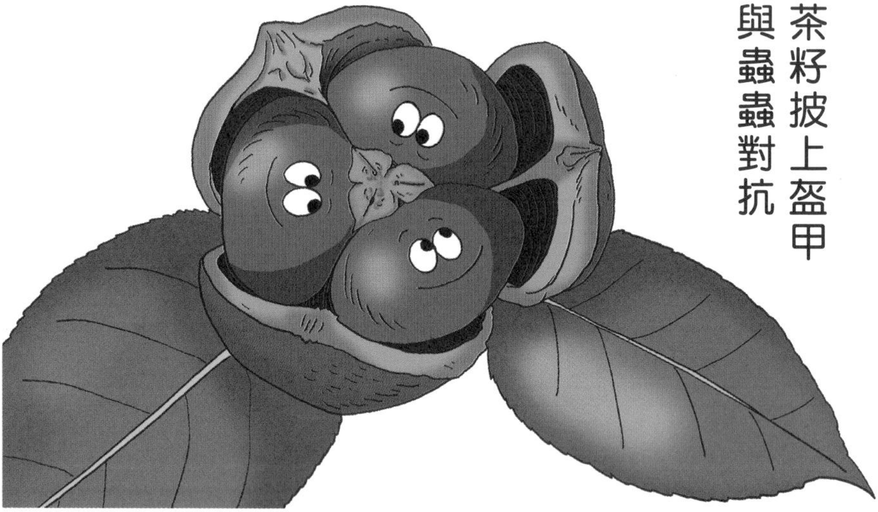

↑藉由厚重的果皮保護山茶的種子。種子成熟後會裂開掉落，由老鼠及松鼠搬走。

NO.46

PROFILE

出生地	日本
住處	山野的樹林、庭院與公園
誕生月	1～4月
成人時期	10月
身高	20mm（種子） 5cm（果實）

食 藥 染 觀 遊 他

從種子榨取的茶油可以作為化妝品（滋潤頭髮）、食用油。由於山茶花很美，也栽培作為觀賞用。

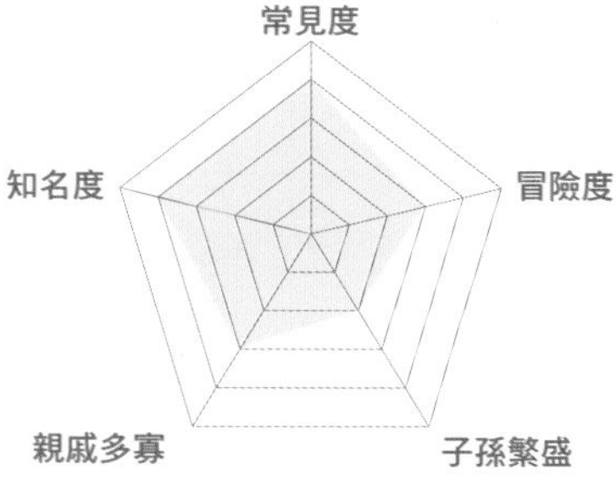

↑關東的日本山茶果實直徑約三公分，果皮厚度約五公釐左右。屋久島的大果山茶種子直徑約五到八公分，果皮厚約一.五到二公分，又圓又大，果皮變紅後看起來跟蘋果很像！

↓儘管有相當厚的果皮保護，還是會遇到茶實象鼻蟲來產卵，為了產卵牠會用針嘴鑿孔。

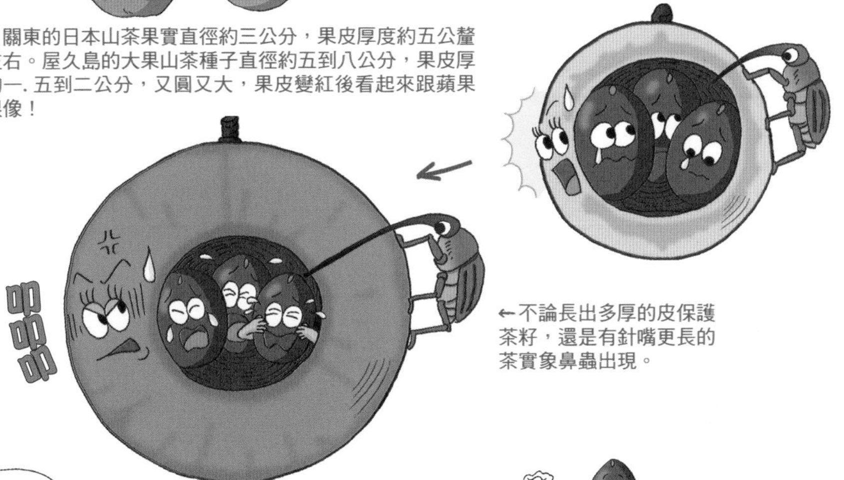

←不論長出多厚的皮保護茶籽，還是有針嘴更長的茶實象鼻蟲出現。

←從茶籽搾取出「山茶花油」。

日本山茶是日本原生植物。野生者在日文中稱為藪椿，從含油脂的茶籽可以榨出山茶花油。營養價值高的茶籽，包覆著盔甲般的硬殼，由厚厚的果皮保護。

茶籽的天敵是茶實象鼻蟲。雖然看起來像小巧的甲蟲，但雌蟲會用長長的針嘴在山茶的果皮鑽孔產卵，幼蟲會吃茶籽。隨著地域不同，茶實象鼻蟲針嘴的長度也有差異，屋久島象鼻蟲的針嘴是本州的兩倍長。

屋久島的日本山茶果實像蘋果一樣又大又圓，因此被分類為另一變種「大果山茶」。茶籽本身沒有什麼差別，但是為了保護種子，果皮進化得特別厚。

為了對抗這種情形，也為了留下後代，茶實象鼻蟲的針嘴也演化得特別長，而且只限於雌蟲。

落葉闊葉樹
蟲媒花

野茉莉

Styrax japonica

Family: 安息香科 | Genus: 安息香屬

貯食散佈・核(堅果)
核果、果皮會剝落

搓一搓就有泡泡的可愛果實

NO.47

PROFILE

出生地	日本
住處	山林、庭院與公園
誕生月	5月
成人時期	10～11月
身高	8mm（種子） 1cm（果實）

食 藥 染 觀 遊 他

種子可以串起來作手環，或是當作扮家家酒的材料。花與未成熟的果實很美，也栽培作為觀賞植物。

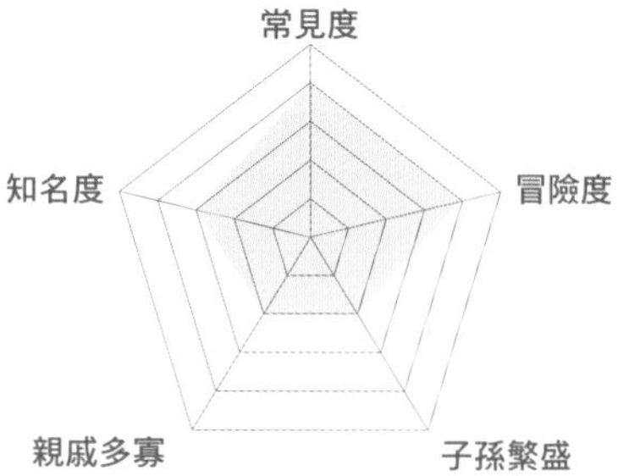

↓綠色的果實經常有長角象鼻蟲來產卵。
啪啦
←秋季成熟後果皮脫落，種子露出，是赤腹山雀最愛的食物。
←裡面有貓爪癭蚜。
↑試吃後發現有苦苦辣辣的味道。
↑因為貓爪癭蚜所產生的，形狀像「貓掌」的蟲癭。
←過去用來洗衣服。

野茉莉是很棒的灌木。初夏時枝頭上的白花盛開，又甜又香。從日本傳到歐美後，以「日本雪鈴」的名字作為庭院樹木與盆栽，廣受喜愛。

夏季時野茉莉會結綠白色的可愛果實。未成熟的果皮含發泡成分皂苷，嚼了之後會覺得又苦又辣（喉嚨刺刺的），因此成為日文名字「苦之樹」（エゴノキ）的由來。過去人們會將鮮嫩的果實壓碎起泡用來洗衣服。

在這個時期，枝頭上往往可以發現由「貓爪癭蚜」所誘發產生的貓掌肉球形蟲癭，形狀很有趣。到了秋天果實的果皮脫落，野茉莉垂吊著褐色的種子，彷彿在炫耀似的。赤腹山雀正等待著這一刻，牠將銜著種子帶到其他地方，啄破硬殼吃掉富含油脂的內容物；並且為了過冬將種子埋在土裡，部分會在春季發芽。這是野茉莉與赤腹山雀交換條件的協議。

常綠針葉樹
風媒花（雌雄異株）

日本榧樹

Torreya nucifera

Family: 紅豆杉科 | Genus: 榧樹屬

貯食散佈．種子（堅果）
種子、由假種皮包覆

自古以來鄉民鍾愛的堅果

→秋季時脫下綠色的外皮，出現像杏仁形狀的硬殼種子。

NO.48

PROFILE

出生地	日本
住處	山林、公園與寺社
誕生月	5月
成人時期	9月
身高	25mm（種子） 30mm（包含外皮的種子）
食 藥 染 觀 遊 他	種子可以食用。種子油除了食用、用來點燈，也可以塗在榧木作的棋盤上。

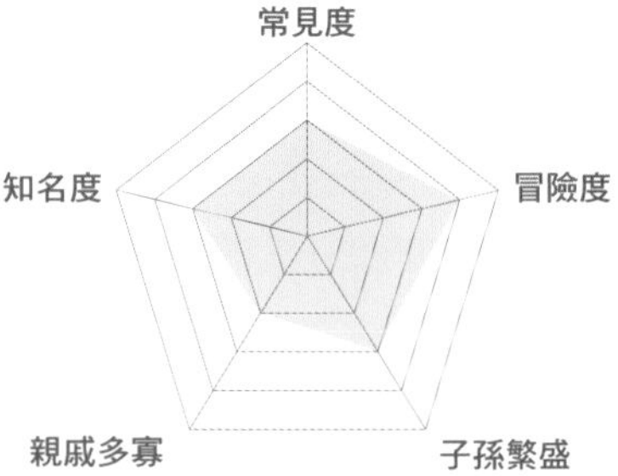

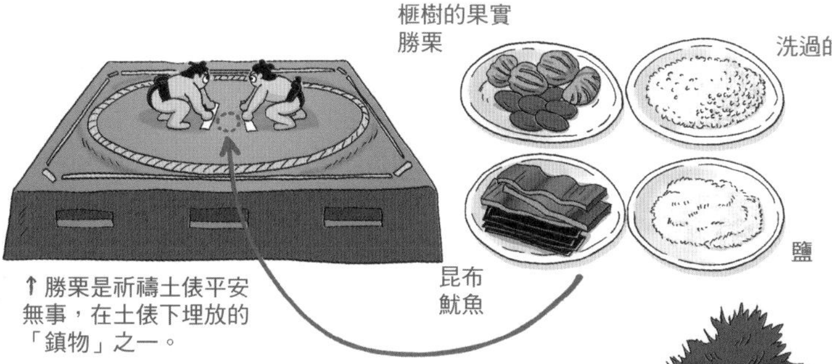

↑勝栗是祈禱土俵平安無事，在土俵下埋放的「鎮物」之一。

↑種子裡面是美味的堅果，可以用來製作山梨縣身延地方的「榧糖」、岐阜縣飛驒地方的「榧仙貝」。同時也是赤腹山雀喜愛的食物。

↑榧樹可以長到二十五公尺高，經常被視為神木。秋季時會掉落許多氣味芬芳的種子。

用來鋪「茅葺屋頂」的藁葺，指的是禾本科的芒草與白茅，漢字寫作「茅」或「萱」。

而這裡要介紹的是「榧樹」。榧樹生長在氣候溫暖的地方，是雌雄異株的常綠針葉樹，種植在神社與公園，其中有樹齡達數百年的大樹。榧木也是著名的高級棋盤材料。

雌樹會長出長三到四公分的橢圓形果實，在秋季落下。當綠色的厚皮脫落，就出現了乍看像杏仁，長著硬殼的「榧實」。雖然帶有針葉樹特有的松脂味，但果實飽含維他命與脂肪，過去是山野鄉民的貴重糧食。在山梨縣與岐阜縣飛驒地方以榧實為原料製作的糖與點心，流傳至今，從榧實榨取的油也提供食用、藥用販售。

在自然界，赤腹山雀也會勤於運送榧實。埋在土裡的種子，有一部分在春季會發芽。

專欄十

「松子」究竟是哪一種松樹的種子？

作為食材與藥材的「松子」，比赤松與黑松的種子大好幾倍，相當氣派。它究竟是哪一種松樹的果實？

答案是紅松。朝鮮半島與中國東北部有許多松樹，在日本則生長在海拔較高的山上。紅松與五松針一簇的五葉松是親戚，松果的長度可達十公分。跟一般的松樹不同，就算天氣乾燥也不會把鱗片張開，用手指壓會有大顆的種子露出。種子由硬殼包覆，沒有翅膀。將殼割開來，裡面是「松子」。

放棄飛行的種子，改利用動物移動。在倒木上殘留著松鼠吃剩的松果碎片。種子含有豐富的油脂，是松鼠重要的儲存糧食。

高山的偃松與紅松是關係相近的親戚，松果成熟後種鱗不會張開，種子也沒有翅膀。高山鳥「星鴉」會將偃松的種子埋在日照充足的草地儲存，但不會全部吃掉。這麼一來，偃松就會在新的地方生長。

紅松

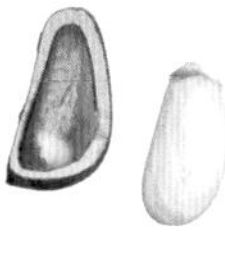

種子包在厚厚的殼裡。剝掉殼後，也就是市面上販售的「松子」。

在種鱗之間有大粒的種子，沒有翅膀。

日本松鼠啃食紅松的松子留下的痕跡。

星鴉是身上有白色斑紋的高山鳥。

第八章

柔軟的種子

植物會成為動物的食物。也有植物會反過來利用這種關係，將種子包覆在柔軟的果肉深處，藉著讓果實被吃掉，趁機讓種子移動。在這一章，將介紹一般稱為「水果」的柔軟果實所蘊含的巧思與智慧。

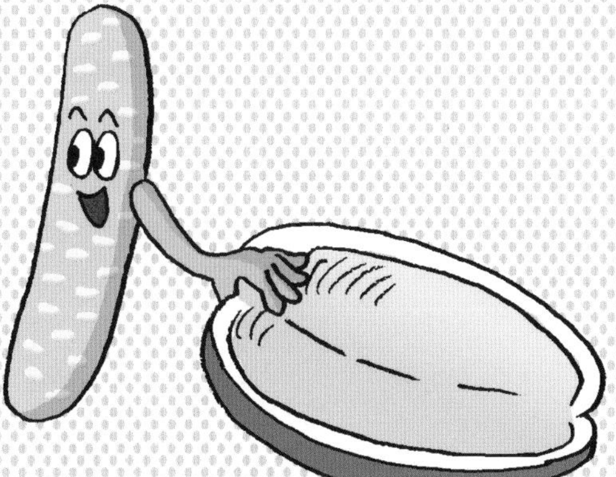

蔓性落葉闊葉樹
蟲媒花（雄株、雌株與兩性株）

軟棗獼猴桃

Actinidia arguta

Family: 獼猴桃科　　Genus: 獼猴桃屬

被食散佈・種子（水果）
液果、有又甜又軟的果肉

只能吃一口喔
甘甜果肉的背後詭計

→外皮沒有毛。
不過內部看起來跟奇異果很像。

NO.49

PROFILE

出生地	日本
住處	山林，偶而在果樹園
誕生月	5～7月
成人時期	10～11月
身高	2mm（種子） 2～3cm（果實）

食 藥 染 觀 遊 他

奇異果的伙伴，個頭小，可以生吃，用來作果醬、釀果實酒等，都很美味。

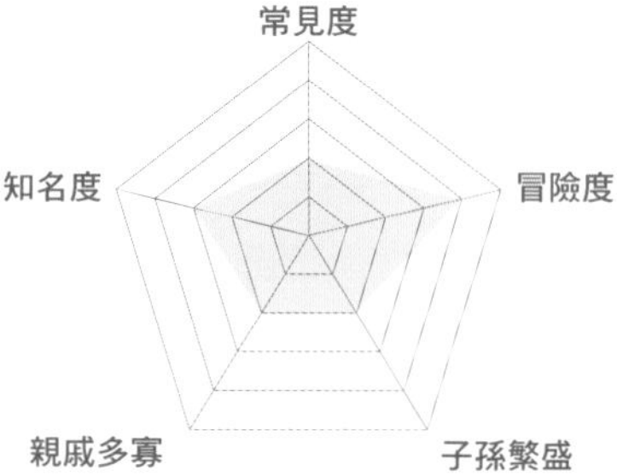

←藉著香甜的氣味引誘各種動物。

↓軟棗獼猴桃就算成熟也不會變紅。因為它的目標不是鳥類。

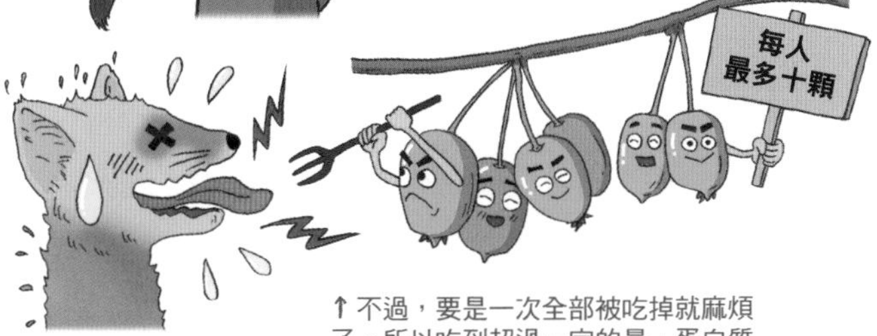

↑不過，要是一次全部被吃掉就麻煩了。所以吃到超過一定的量，蛋白質分解酵素就會對舌頭產生作用，讓人感覺不到甜味。

↓跟奇異果相比，野生種的軟棗獼猴桃個子很小。果實全長約二公分。

軟棗獼猴桃彷彿是把奇異果外皮的毛剃掉，然後縮小成迷你版的果實，不論是橫切面、味道、香氣都很像。可以製作成好吃的果醬。做成果凍雖然也不錯，不過軟棗獼猴桃的果肉中含有蛋白質分解酵素，生的果實會使吉利丁無法凝固。

為什麼植物會含有消化酵素？根據個人經驗，如果一次吃到半碗的量，就會失去甜味，感覺變得很酸，不想繼續吃下去。那是因為蛋白質分解酵素讓舌頭的味蕾失靈，對於深山裡的猴子等動物，應該也是一樣吧。「來吃吧，不過只能吃一點喔」。這是植物為了讓動物們每次吃一點，廣泛散佈種子而使出的技倆。軟棗獼猴桃的種子非常細小，可以從猴子、貉、熊等動物尖銳的牙齒間溜過，毫無損傷地從糞便排出來。

落葉闊葉樹（植栽）
蟲媒花（雄株、雌株與兩性株）

柿

Diospyros kaki

Family: 柿樹科　　Genus: 柿樹屬

被食散佈・種子（水果）
液果、內果皮呈果凍狀

甜味或澀味都是柿子的小把戲

NO.50

PROFILE

出生地	中國
住處	庭院或果樹園
誕生月	5～6月
成人時期	10～11月
身高	10～20mm（種子） 4～10cm（果實）

食 藥 染 觀 遊 他

甜柿可以生吃。澀柿去除澀味後也可以生吃、曬成柿乾。柿蒂可以當作治打嗝的藥。

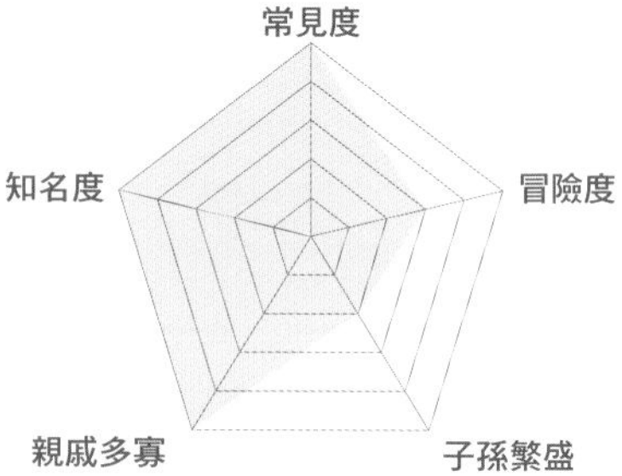

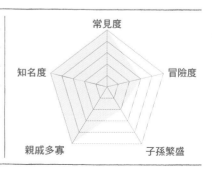

↓熟透的甜柿子，是嗅覺發達的哺乳類動物喜愛的食物。

↓綠色的柿子還很澀，必須再等一陣子。

↑橘色的果實，也會吸引對紅色特別敏銳的鳥類。

↑種子逃過哺乳類動物銳利的牙齒，跟著糞便一起排出體外。

↑種子受到果膠包覆，滑溜溜的。這是為了逃過野生動物的牙齒咀嚼，特別精心設計。

柿子有分澀柿與甜柿，甜柿出自日本特有的栽培系統，鎌倉時代從澀柿的突然變異種衍生而來。

未成熟的綠柿子很澀不能吃。柿子含有單寧，一開始由於單寧的水溶性容易形成澀味，等果實成熟後單寧不會溶化，因此不再有澀味，變得甜美。果實熟透後，終於變得沒有澀味的是澀柿，還沒成熟澀味就消除的是甜柿。不論哪一種澀柿，熟透後都會變甜，利用酒精等方法也能去除澀味。

柿子本來就是藉由讓獸類或鳥類吃，趁機運送種子。未成熟的果實澀味可以阻止動物吞食，達到防衛的作用。成熟果實的甜味會促進食慾，形成誘惑。在熟透前味道就轉甜的甜柿，以野生植物來說是有缺陷的品種。最近又經過進一步改良，有無籽柿子上市。在野生植物的領域，可說是最糟糕的缺陷品種！

落葉闊葉樹
蟲媒花

四照花

Cornus kousa

Family: 山茱萸科 | Genus: 山茱萸屬

被食散佈・核(果實)
核果的集合果、甜味果肉

美味的合體 高顏值的庭院植物

→由許多花培育出一個果實。像蜂巢狀的紋路是花朵分別留下的痕跡。

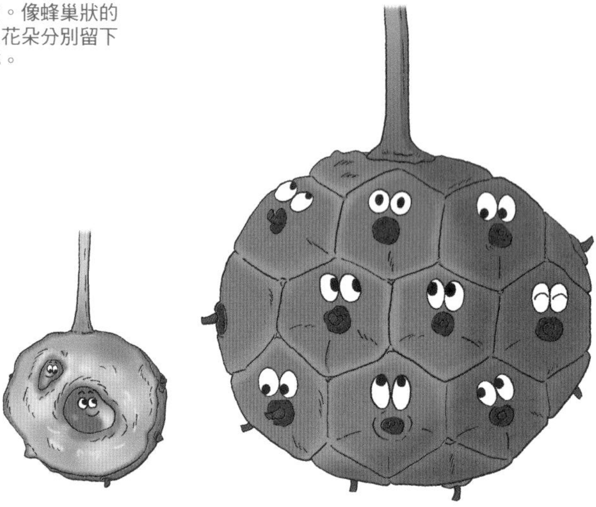

NO.51

PROFILE

出生地	日本
住處	山林、庭院或公園
誕生月	6月
成人時期	9～10月
身高	5mm（種子） 1～2cm（果實）

食 藥 染 觀 遊 他　果肉的味道很像芒果。由於花、果實、紅葉都很漂亮，會種在庭院。

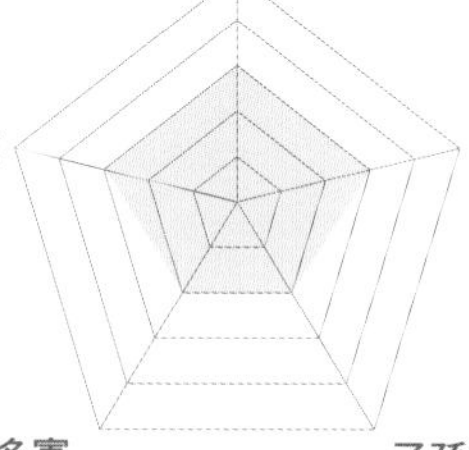

↓看起來像花瓣的大苞片，圍繞著中間的花叢。

大花四照花

↓美國品種的大花四照花雖然有著類似的花，果實卻分別獨立。

四照花

↑在日本，四照花的果實演化到利用猴子播種。果實落在地面，嗅覺發達的猴子會受到甜味誘惑。

←鳥類的視覺雖然很發達，嗅覺卻不敏銳，因此果實不需要散發氣味。

↑在缺乏猴子的北美洲，大花四照花演化成利用鳥類播種。為了方便鳥類啄食，果實只有一口大，會一直留在樹上。

初夏，白色十字型的花在枝頭綻放。看起來像花瓣的是四枚總苞片（變態葉），中心聚集著許多小花。開花後，眾多小花癒合成一顆球形的果實。小花交接的地方，在果實表面留下線狀的痕跡。果實在秋季時成熟，轉變為珊瑚色非常美味。果肉像芒果一樣又黃又甜，除了生吃以外，也可以用來釀果實酒或做果醬。

大花四照花會開出跟四照花很像的花朵。雖然是源自同樣祖先的遠親，但是遠在北美的大花四照花，每一朵小花都會結果，所以果實外觀像金平糖。到了秋天果實成熟轉紅，味道很苦不能吃。

日本的四照花為了吸引猴子，會結大粒的果實。不過在缺乏猴子的北美大陸，大花四照花會結出小粒的紅色苦澀果實，吸引鳥類。

專欄十一

像還是不像？草莓、懸鉤子、桑葚三種果實

▶草莓的花。中央球狀的部分是花托，上面看起來像一粒一粒的是雌蕊，大約有一百根。

草莓

日本栽培的是荷蘭草莓，屬於薔薇科多年生草本。

▲食用部分是變肥大的花托，表面覆著許多種子（瘦果），帶來富有顆粒的口感。

剖面

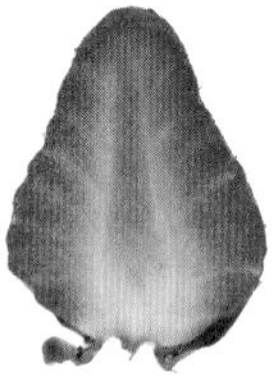

▲隨著果實成長，花托也日漸肥大變成果托。白色的線條是運送營養到果實的管道。

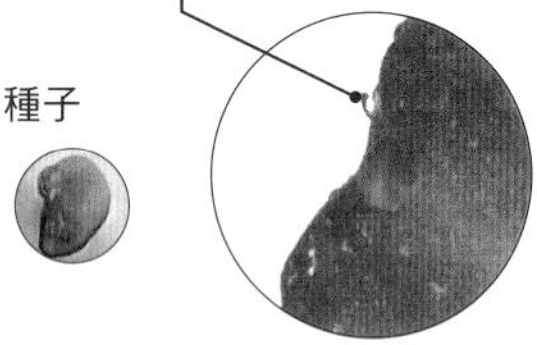

▲草莓表面的顆粒是真正的果實，那是不含果肉的瘦果。如果放大仔細看，還有雌蕊留下的遺跡。

草莓的英文是strawberry，種類相似的懸鉤子類有幾種被稱為raspberry（包括覆盆子）。同樣都是薔薇科酸甜的果實，由鳥類與動物吃了以後運送果實。兩者都是由一朵花結出複數果實的聚合果，稱為莓果類。

不過，它們飽滿多汁的部分不同，而且仔細觀察就知道外觀也不一樣。由花朵的花托膨脹形成的是草莓，在花托（果托）上有著一粒一粒飽滿果實的是覆盆子。

桑樹的葉子常作為養蠶的飼料，果實也是酸甜的水果。雖然是桑科的植物，在國外也以mulberry的名字當作果樹栽培。

覆盆子與桑葚的果實外表都充滿顆粒，吃起來的口感也很類似，但是構造截然不同。桑葚的果實由許多花構成花序，長成聚花果（集合果），也就是一個顆粒就是一個果序。而多汁飽滿的部分也不是果實，而是由包覆著果實的花萼肉質化形成。

懸鉤子（包括覆盆子）

跟草莓同屬薔薇科，在日本卻稱為「木莓」被當成木本植物。果粒聚集在一起很好吃。

▲紅梅消屬於懸鉤子的一種，這是它開的花。照片中紅色的花盛開。

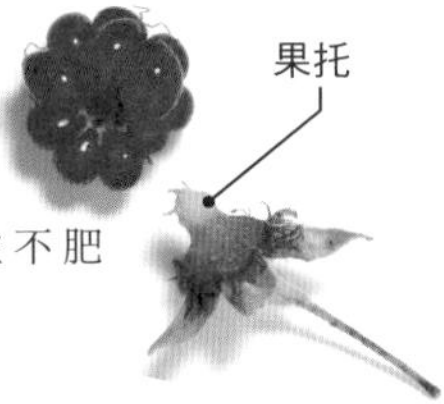

果托並不肥大。

種子

▶上面有網狀紋路的種子。

▶單粒的果實。裡面各有一粒種子。

聚合果的剖面

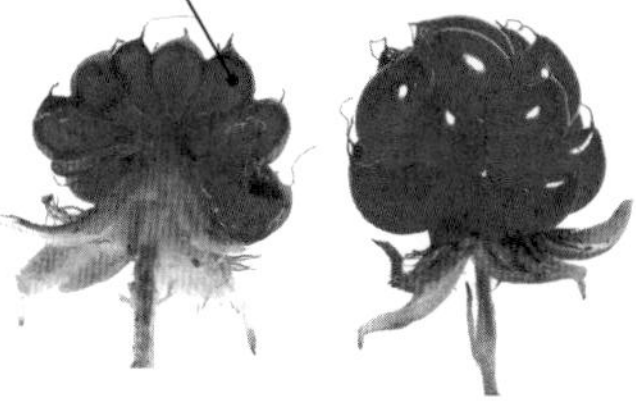

▲紅梅消的果實。聚集大粒而飽滿的果實，形成聚合果。

桑葚

桑科的落葉樹，大家都知道蠶會吃桑葉。照片是野生種的小葉桑。

▲小葉桑的果實，由紅轉黑成熟。紅與黑雙色的效果會吸引鳥類。

種子

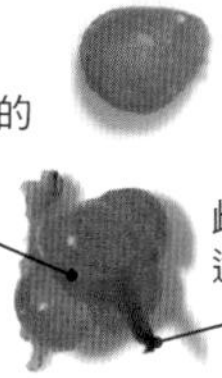

▲每一顆果實，其中各有一粒種子。

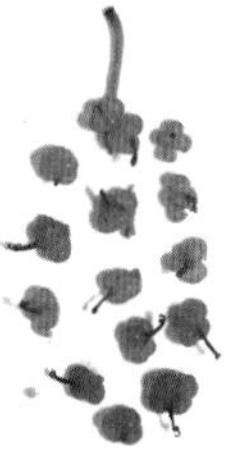

▲如果試著將集合果一顆顆拆開來。

▲成熟後會由白轉紅，最後變成黑紫色。

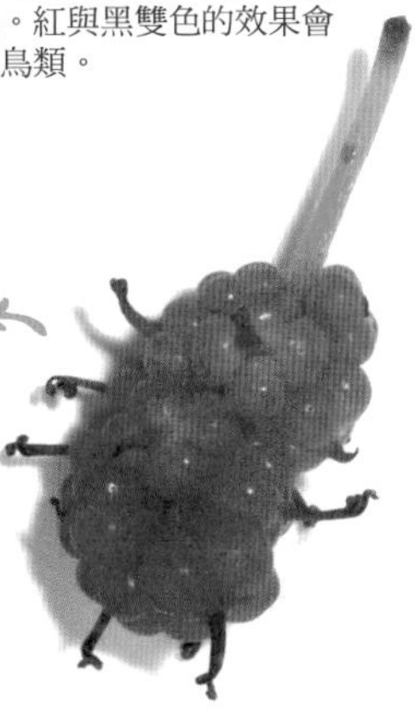

▲小葉桑未成熟的果實。屬於集合果，成熟時會轉黑。

▶小葉桑的雌花序。它是風媒花，看起來細長的部分是雌蕊。

落葉闊葉樹
蟲媒花

木半夏

Elaeagnus multiflora

Family: 胡頽子科 | Genus: 胡頽子屬

被食散佈・種子(果實)
偽果、萼筒多肉化

甜中微澀 散發光澤的誘惑

→光澤豔麗的果實。

NO.52

PROFILE

出生地	日本
住處	山野光線充足的森林、庭院或公園
誕生月	4～5月
成人時期	5～6月
身高	9mm（種子） 1.2～1.5cm（果實）

食 藥 染 觀 遊 他　果實轉紅成熟後就可以吃。樹木栽培作為庭院樹、樹籬、公園樹。

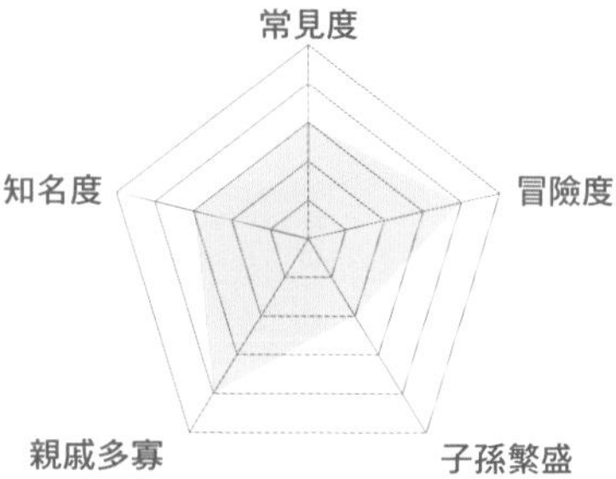

啊
呸
←種子有明顯的溝痕。
←酸甜又有點苦澀的果實。最近市面上也有販售。

各種各樣的胡頽子類成員

胡頽子

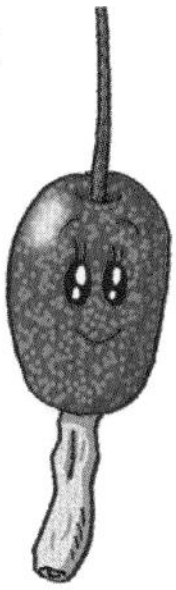

→在果實前端經常連著枯乾的萼筒，就這樣成熟。

小葉胡頽子

→像鮭魚卵大小的亮澤果實，富有甜味。

大王胡頽子

←果實比較大顆，吃起來有嚼勁，也栽培作為果樹。

雖然在日文中「胡頽子」與軟糖（gumi）諧音，卻毫無關係。胡頽子多為木質藤本，果實在夏季時成熟。生長在里山的路旁或雜木林，由於果實可以吃，所以經常種在庭院。

胡頽子家族成員的枝葉長著鱗狀毛，形成像金銀線織物般的光澤。葉子的背面泛著銀白色。花沒有花瓣，由萼代替，在表面形成光澤。

果實長一．五公分，垂在枝頭轉紅成熟。酸甜可口，稍微有點澀味。不過這也是它的特色之一。幸好澀味不會在口中停留太久。

果實的表面也富有光澤。那其實不是真正的果實，而是由萼筒包覆的果實與萼筒一體化所形成的附果。果實表面的光澤，是由萼筒表面附的鱗狀毛形成。

蔓性半落葉闊葉樹
蟲媒花（雄花與雌花）

木通

Akebia quinata

Family: 木通科 | Genus: 木通屬

被食散佈．種子（水果）
液果、甜味果肉

果凍狀果肉
要邊吃邊吐籽

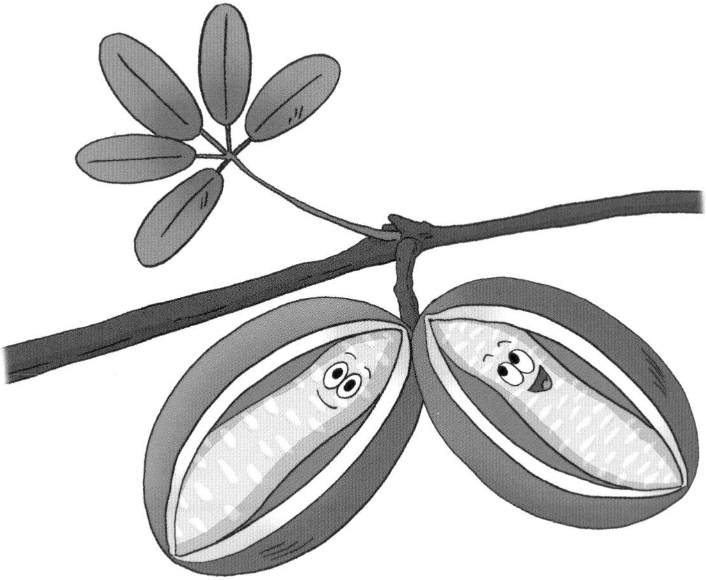

NO.53

PROFILE

出生地	日本
住處	山林、庭院或公園
誕生月	4～5月
成人時期	9～10月
身高	5mm（種子） 5～10cm（果實）
食 藥 染 觀 遊 他	果肉甜美，可以食用，果皮也可以入菜。架起棚架後，就可以種在庭院。

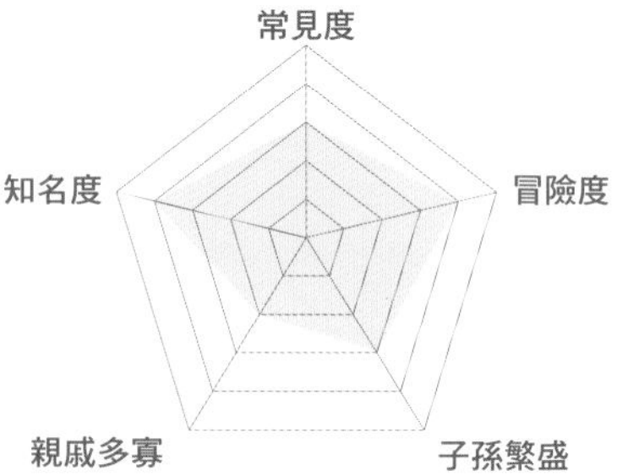

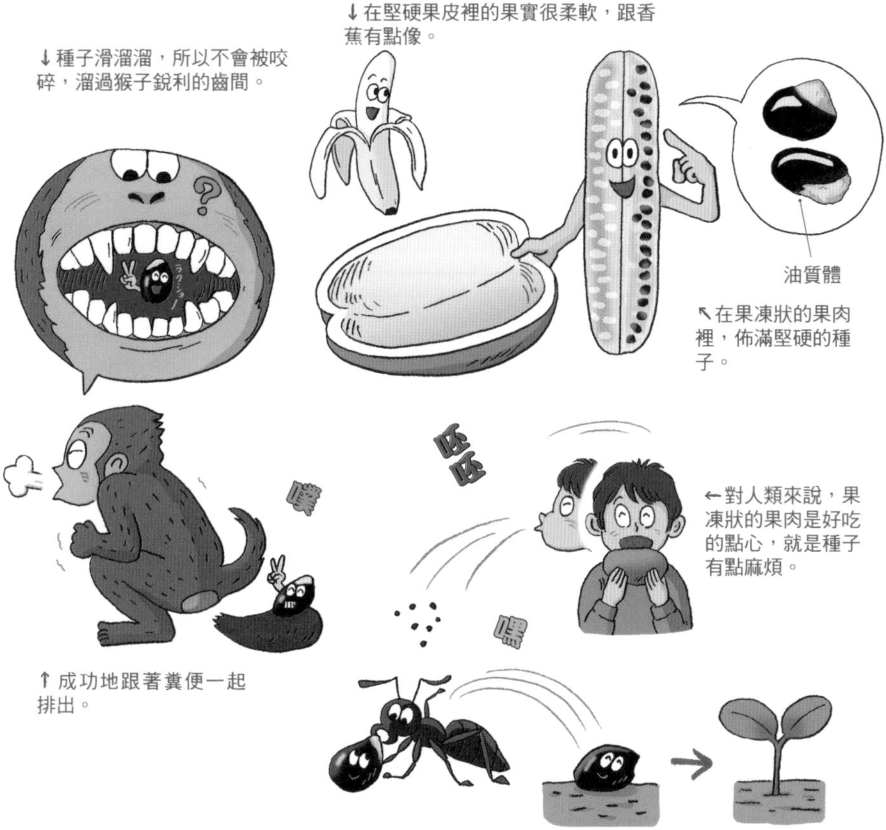

↓種子滑溜溜，所以不會被咬碎，溜過猴子銳利的齒間。

↓在堅硬果皮裡的果實很柔軟，跟香蕉有點像。

↖在果凍狀的果肉裡，佈滿堅硬的種子。

←對人類來說，果凍狀的果肉是好吃的點心，就是種子有點麻煩。

↑成功地跟著糞便一起排出。

↑螞蟻受到油質體的引誘，前來搬運種子。

木通是里山在秋季的產物。果皮裂開後，就是可以開始吃的時候。白色半透明的果肉，令人聯想到高雅甘甜的和菓子，不過因為種子很多，必須一直邊吃邊吐籽。

剝開厚厚的皮，甘甜柔滑的果肉裹著種子，形狀就像野生種的香蕉。其實兩種都是藉著讓猴子吃，散佈種子的果實。種子連同果肉一起入口，躲開牙齒滑入喉嚨。

木通的種子帶有白色的「油質體」附屬物，脫離果肉後，還有螞蟻會幫忙搬運。

木通的葉子是五片一簇，跟同屬的三葉木通結出類似的果實，在日本以山形縣為中心栽培。據說在山形縣，用帶有苦味的果皮鑲肉的料理，比果肉的評價更高。

落葉闊葉樹（植栽）
蟲・鳥媒花（雄花與兩性花）

梅

Armeniaca mume

Family: 薔薇科　Genus: 杏屬

被食散佈・核（水果）
核果、種子包覆於核中

酸溜溜的果肉守護果核裡的種子

嗅嗅

NO.54

PROFILE

出生地	中國
住處	庭院或公園、果樹園
誕生月	2～3月
成人時期	6月
身高	6～15mm（種子） 1.5～5cm（果實）

食 藥 染 觀 遊 他

果實可以加工製作梅乾、釀成梅酒，或是作為藥用。也有觀賞用的品種。

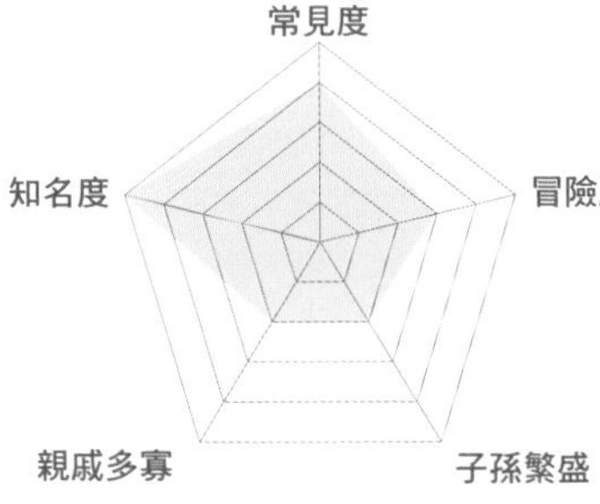
常見度
冒險度
子孫繁盛
親戚多寡
知名度

↓種子與未成熟的果肉裡含有氰化物「扁桃苷」。動物吞食後在體內分解，就會產生有毒的氰。

↑就算是青梅，釀成梅酒就沒關係。

←果肉不容易脫離果核，總是被邊舔邊吃，帶到更遠的地方。

←梅子在梅雨季節成熟，散發出好聞的氣味。

↑由堅固的果核保護著柔軟的種子。這是梅乾稱為「天神大人」或「仁」的部分。

↑在酸甜的果肉中有果核，果核裡有種子。

梅是早春的季節象徵，它其實原產於中國，古時候傳到日本，現在已徹底融入日本的風土及人們的生活。

梅子成熟時所下的雨，稱為「梅雨」。成熟的黃色果實一顆顆掉落，散出發酵的氣味，呼喚著動物來吃果肉，這是企圖讓牠們運送收納在堅固果核中的種子的策略。

所謂的果核，受到硬而肥厚的內果皮與種皮雙重保護，梅乾的果核內有種子，稱為「天神大人」（編註：日語中的稱呼）或「仁」。種子與未成熟的果肉含有毒性的氰化物，這意謂著：不要吃我們寶貴的種子、不要吃還沒成熟的果實。

儘管如此，我們對於平常吃梅乾、喝梅酒不必有所顧慮。那是日本特有的健康食物，也是未來將慎重傳承的飲食文化。

常綠針葉樹
風媒花(雌雄異株)

別名：羅漢杉

大葉羅漢松

Podocarpus macrophyllus

Family: 羅漢松科 | Genus: 羅漢松屬

被食散佈．種子(鳥散佈)
種子、可食部分是花托

包藏甜味與詭計的雙色糰子

→種子很硬，而且有毒。為了讓鳥類運送種子，附帶長得像果凍、有甜味的果托。

NO.55

PROFILE

出生地	日本
住處	庭院或公園、寺社（野生的很罕見）
誕生月	5～6月
成人時期	10～12月
身高	10mm（種子） 2cm（包含果托在內）

食 藥 染 觀 遊 他　栽培作為庭院的樹木、樹籬。花托很甜可以吃。

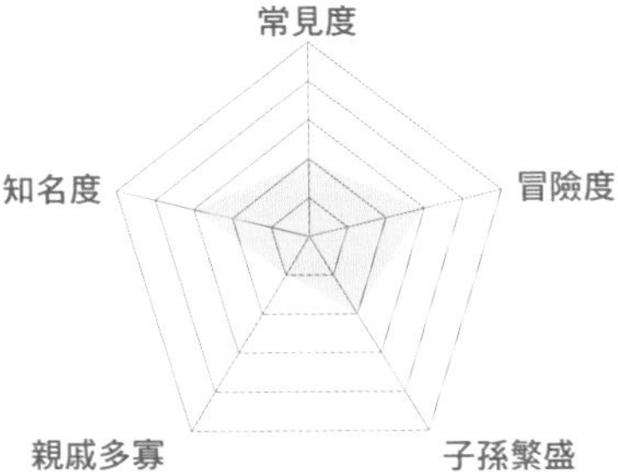

→日本紅豆杉的紅色花托甘甜可食，帶有毒性的種子會排泄出來。

↓赤腹山雀會若無其事地將種子啄碎再吞下，不過有一部分會帶到別處儲藏起來。

↓種子有毒性，與帶有甜味的果托是一組。

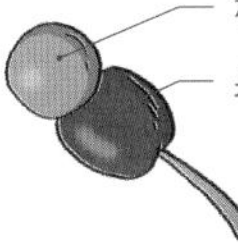

↘種子附在甜果托上，山雀一口啄下。有毒的種子不會被吃掉，順利被帶到別處。

→不過，人類也可以安心食用紅色的部分。

大葉羅漢松雖然屬於針葉樹的一員，但葉子寬度達一公分。果實也很奇妙，彷彿插在竹籤上的糰子，形狀奇特。不但可以吃，而且還有甜味。

大葉羅漢松是雌雄異株，長著糰子串的是雌株。在末梢長著淡綠色的小球，是由肥大的鱗片葉包覆的種子，含有毒素不能吃。帶有甜味的是由花托增生的多肉質部分，到了秋季會轉為紅色或黑紫色，看起來就像果凍一樣，很好吃。

附贈甜美的果凍，是商業戰略。鳥類受到顏色與味道的吸引，會幫忙散佈種子。沒有被帶走直接落在地面的種子，很快就會長出根來，這時候「果凍」就會提供初期的水分補給。

日本紅豆杉也是針葉樹中的變種。種子本身雖然有毒，包覆著種子的杯狀果托到了秋天會轉紅，變得甜美，很像果凍，可以食用。

落葉裸子植物(植栽)
風媒花(雌雄異株)

別名：公孫樹

銀杏

Ginkgo biloba

Family: 銀杏科　Genus: 銀杏屬

人為．被食散佈．種子
種子、外種皮肉質

地球上最古老 老奶奶等級樹木的果實

NO.56

PROFILE

出生地	中國
住處	公園或寺社
誕生月	4～5月
成人時期	10～11月
身高	15～20mm（種子） 3cm（外種皮）

食 藥 染 觀 遊 他　銀杏在中國與日本都經常有人食用。種植在街道與公園。

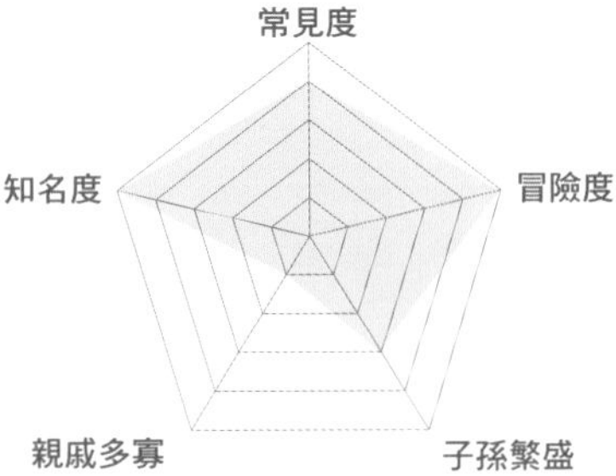

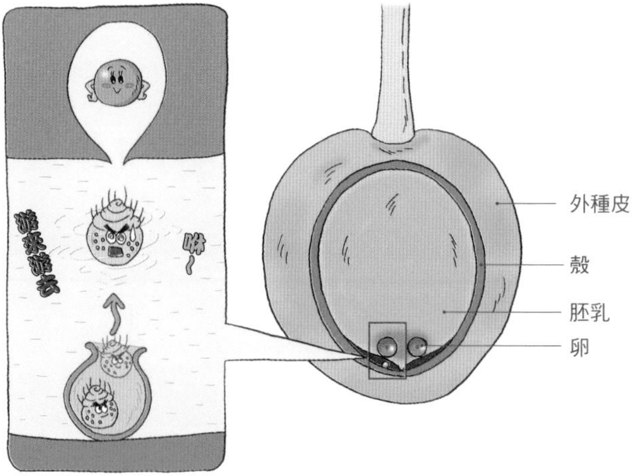

→花粉抵達雌花時，會製造兩個精子。初秋的時候，精子以卵子為目標輕輕洄游。

→在恐龍生存的中生代，銀杏是相當普遍的裸子植物，現在可算是活化石。

←現在的動物中，貉會吃銀杏。這樣口腔周圍與消化道會不會過敏？

銀杏在日本是大家熟悉的行道樹。它是雌雄異株，雌株會結實。銀杏的果實會發出異臭，由黃色飽滿的外皮包覆，落在地面。銀杏種皮的汁裡含有過敏物質「白果酸」，接觸到皮膚會引發皮膚炎。剝開果皮後有硬殼，除去硬殼再剝掉薄皮，黃綠色的美味部分終於登場。

銀杏是中生代（編註：約二億二千五百萬年前～六千五百萬年前期間）相當繁盛的古老裸子植物，存活至今，由花粉形成的精子在雌花中游泳，進行原始的受精。除了葉脈是原始的二叉脈，葉子的形狀像鴨掌。

散發銀杏氣味的肉質外皮與硬殼，暗示著它是被食散佈種子。在銀杏遍佈的中生代，究竟哪些動物會吃它？說不定有一天，從小型草食恐龍糞便的化石會發現銀杏呢!?

專欄十二

奇異的水果——枳椇

枳椇是種外表讓人訝異，吃了更令人驚奇的山間野生水果。

枳椇是鼠李科的樹木；外觀看起來像普通的樹枝，但是像巫婆手指關節突起的部分其實是水果。果序肥大的軸經過多次直角般的彎曲，圓球形的果實長在內側。

開花後，果軸的部分變粗。果軸前端會結出小小的球形果實，果皮乾乾的，裡面是堅硬的種子。人類可以只摘取美味的果軸吃，但是貉或熊卻會一口將果實與種子一起吞下。種子除了很硬還有稜角，可以溜過銳利的牙齒間。

如果湊近鼻子聞，有很香的味道。所以是種顏色不起眼、藉由香味與甜味引誘動物的水果。

成熟後的枳椇散發梨子的氣味，就像在樹上自然風乾的葡萄乾，有甜味與香味，從晚秋到冬季之間，啪啦啪啦地掉落在地上。

果序連著枝頭落下。有長長的樹枝與葉子掛在草叢間，就不容易被埋在落葉底下。

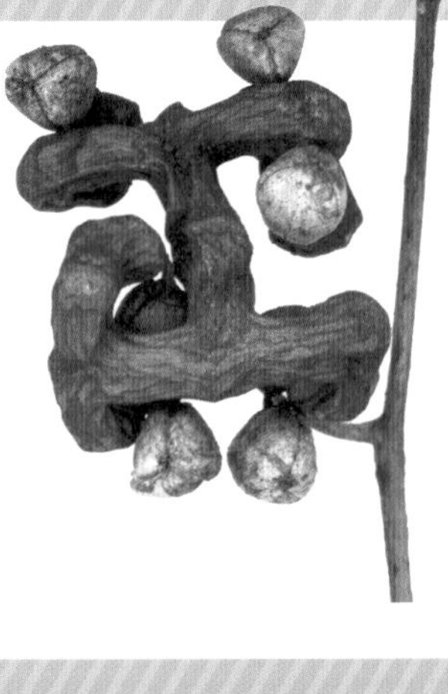

枳椇果軸的一部分。香甜好吃的部位是果軸。

嘗試收集果軸作成果醬與蛋糕。

樹上的果序。

在貉的糞便裡有種子。

第九章

漂亮的種子

為了引誘色覺發達的鳥類，果實會披上紅色或藍色等鮮豔的外衣，促進鳥類的食慾。果實的大小剛好讓鳥類一口吞下。就算含有毒性或澀味，也是為了讓種子逐漸散佈到各地的策略之一。在冬季或即將入冬時，高熱量的果實最受歡迎。

常綠闊葉樹
蟲媒花

山黃梔

Gardenia jasminoides

Family: 茜草科 | Genus: 山黃梔屬

被食散佈．種子(鳥散佈)
液果、由萼筒包覆成熟

靜靜等待 深思熟慮下一步

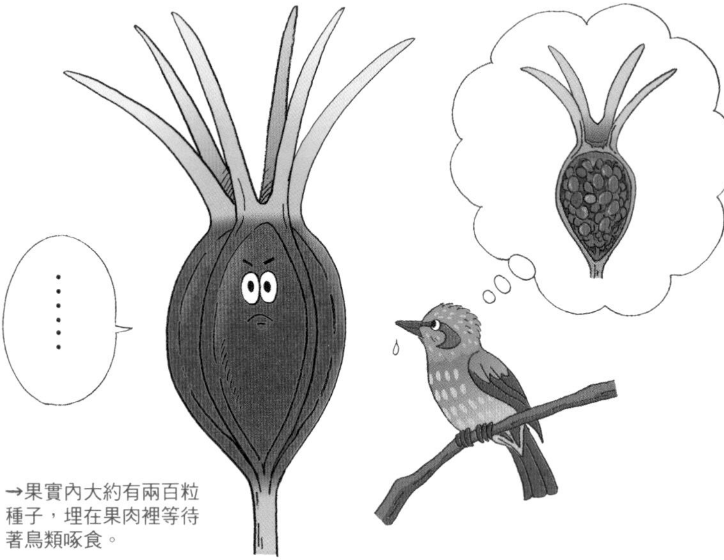

→果實內大約有兩百粒種子，埋在果肉裡等待著鳥類啄食。

NO.57

PROFILE

出生地	日本
住處	庭院或公園（野生的較罕見）
誕生月	6～7月
成人時期	11～1月
身高	3mm（種子） 3～4cm（果實）

食 藥 染 觀 遊 他

果肉用來製作食品的著色劑。花朵美觀芬芳，種植作為庭院的樹木。

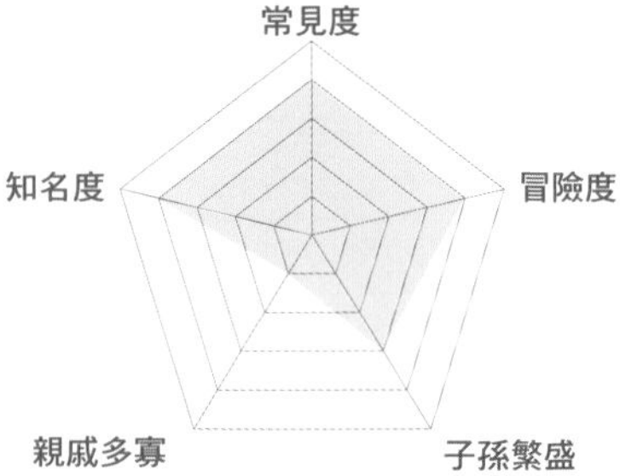

←山黃梔是黃色食用色素的原料，發酵後也可以作成藍色色素。在常見的冰棒裡也含有這些成分。

→棋盤的桌腳模仿山黃梔果實的形狀，傳達「不要插嘴」的訊息。

山黃梔是夏季時很香的花，會結出造形獨特、有突出的角的果實，到了冬季成熟時會轉為朱紅色。花萼會殘留到結果的時期，有六根萼片像角一樣長長地突出。在膨起的果實內部，果肉裡埋著兩百多顆種子，當果實變得又軟又熟時，鳥類會來啄食，散佈種子。

日文中，梔子花名字的意思是「沉默」，因為即使果實成熟也沒有開口。棋盤腳鼓起的形狀即在模仿這種果實，暗示「周遭的人不要講話」。

成熟後的果實可當作藥材，而且果肉裡含有豐富的胡蘿蔔素，可以製成黃色、朱紅色以及藍色的染料，作為澤庵漬（醃黃蘿蔔）或點心等食品的著色劑，廣泛使用。在製作正月的栗金團時，加入乾燥的山黃梔果實一起煮，會呈現更鮮明的黃色。

常綠闊葉樹
蟲媒花（雌雄異株）

東瀛珊瑚

Aucuba japaonicas

Family: 山茱萸科 | Genus: 桃葉珊瑚屬

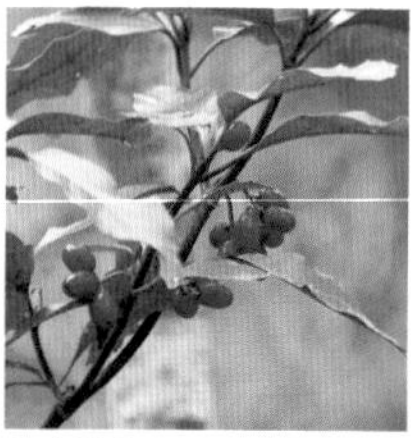

被食散佈 · 種子（鳥散佈）
液果（也有人認為是核果）

男生女生配 果實轉紅變熟了

樹幹是綠色，所以在日本大家叫我「青木」
你看……我是不是又紅又好吃？

NO.58

PROFILE

出生地	日本
住處	山野陰暗的樹林、庭院與公園
誕生月	3～5月
成人時期	1～3月
身高	15mm（種子） 2cm（果實）

食 藥 染 觀 遊 他

紅色的果實與常綠的葉子很美，種植作為庭院樹木。過去樹葉也作為敷藥使用。

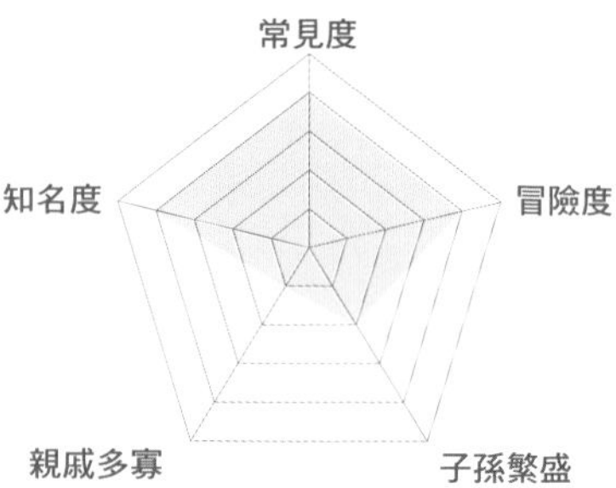

常見度
冒險度
子孫繁盛
親戚多寡
知名度

流口水
黃尾鴝
要開動囉
→因為果粒大，只有大型的鳥類能吃。
灰喜鵲
看起來很好吃~
栗耳短腳鵯
↓它的果實比較大粒，因為生長在幽暗的森林間，如果不準備分量充足的便當，很難發芽。

嗡

↑種子最怕蟲癭。形狀會變歪。

東瀛珊瑚有光澤秀麗的綠葉加上赤紅的果實。一七七〇年代赴日的英國人覺得這種樹很美，所以帶回英國，美麗的常綠葉雖然受到人們喜愛，卻沒有結實。其實東瀛珊瑚是雌雄異株。當時的英國人不曉得，只採集了有結實的雌株。

一八六〇年，植物獵人福鈞（Robert Fortune）到日本，用軍艦將雄株運回。於是雌株與雄株終於重逢，在英國也能結出鮮紅的果實。

大粒的果實最受栗耳短腳鵯青睞，先是輕輕含在鳥喙裡，確認夠軟，選到熟透的紅色果實再一口吞下。

近年來在市中心出現許多例子，有些形狀變歪的果實沒有轉紅，這是癭蚋幼蟲的把戲。如果寄生在未成熟的果實裡，幼蟲會釋出化學物質讓果實不能變紅，這樣就可以享用種子，不會跟著果實一起被鳥吃掉。

蔓性一年生草本（蔬菜）
蟲媒花（雄花與雌花）

別名：涼瓜、半生瓜

苦瓜

Momordica charantia

Family: 葫蘆科　Genus: 苦瓜屬

被食散佈・種子（鳥散佈）
液果（瓜果）、熟果會裂開

苦瓜媽媽的搖籃好柔軟啊

呼呼大睡

NO.59

PROFILE

出生地	熱帶亞洲
住處	田地或庭院
誕生月	6～9月
成人時期	6～9月
身高	15mm（種子） 15～30cm（果實）

食 藥 染 觀 遊 他

未成熟的苦瓜可以緩解夏季的疲勞，是健康蔬菜。中國還有藥用品種。

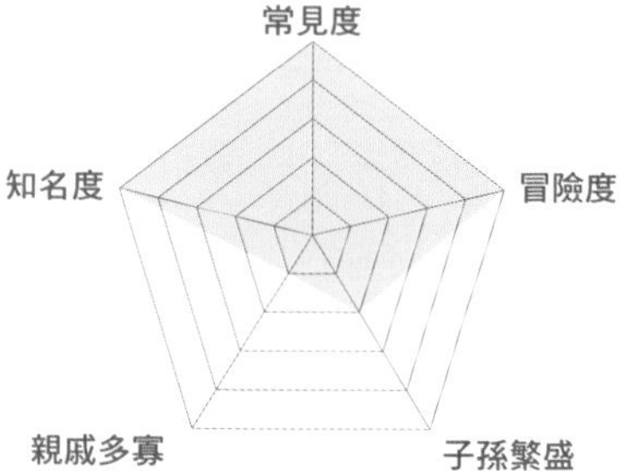
常見度
冒險度
子孫繁盛
親戚多寡
知名度

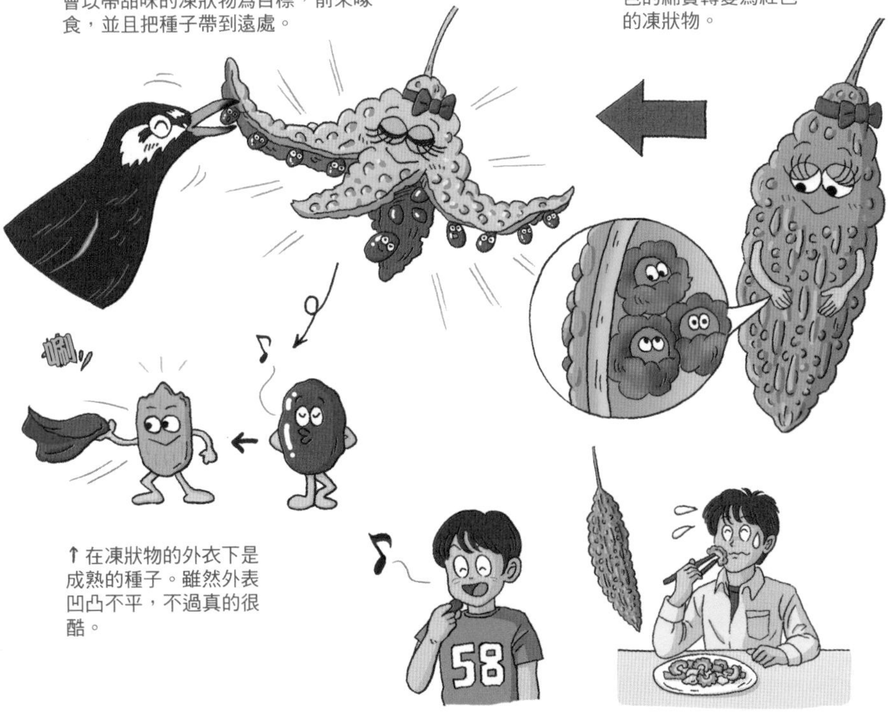

↓苦瓜破裂後像裙子般展開來。鳥類會以帶甜味的凍狀物為目標，前來啄食，並且把種子帶到遠處。

↓隨著種子成長，白色的綿質轉變為紅色的凍狀物。

↑在凍狀物的外衣下是成熟的種子。雖然外表凹凸不平，不過真的很酷。

↑人也會覺得紅色的果凍狀部分好吃。

↑綠苦瓜的苦澀形成獨特的美味。

大家所熟悉的夏季蔬菜苦瓜，是葫蘆科的蔓性植物，綠色的果實含有獨特的苦味與豐富的營養，受到人們喜愛。苦味的主要成分是稱為「苦瓜素」的化學物質。這是為了保護未成熟的果實不受昆蟲及動物侵害，成熟後苦味就會減少，果實的綠色變淡時，就是可以當作蔬菜吃的時候。

在葉子遮蔽下的苦瓜，不知不覺就轉變成黃色，有天忽然破裂，形成強烈的顏色對比。在裂開的濃黃色果實內側，冒出紅色的塊狀物……

苦瓜的種子由一層假種皮包覆，未成熟時是淡綠色的絮，成熟後轉變為紅色的膠質，帶甜味像點心一樣可以吃。黃色果肉也可以當蔬菜吃。

總之苦瓜這種植物，果實成熟變黃後自己會裂開來，展現紅色帶甜味的假種皮，讓鳥類代為散佈種子。

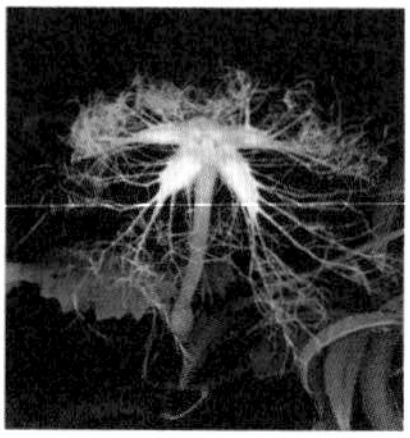

蔓性多年生草本
蟲媒花（雌雄異株）

別名：師古草

王瓜

Trichosanthes cucumeroides

Family: 葫蘆科　Genus: 栝樓屬

被食散佈．種子（鳥散佈）
液果（瓜果）

黏又滑的紅色吊燈 鳥兒一口吞

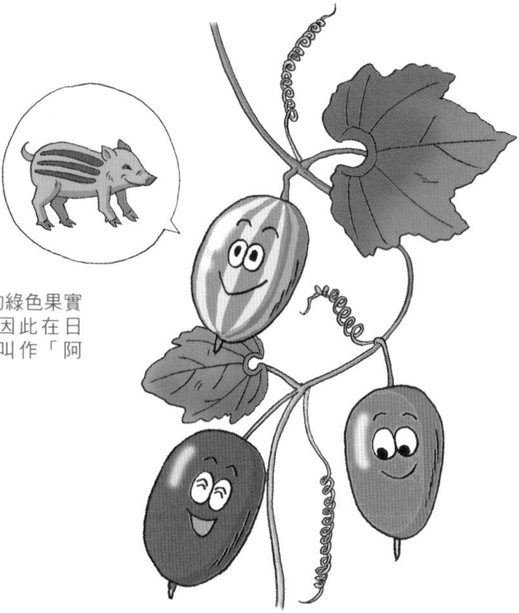

→未成熟的綠色果實有條紋，因此在日本小豬又叫作「阿瓜」。

NO.60

PROFILE

出生地	日本
住處	山野的森林或草叢、公園的角落
誕生月	8～9月
成人時期	10～12月
身高	10mm（種子） 5～8cm（果實）

食 藥 染 觀 遊 他　花與果實可以觀賞，果實可用來插花或拿來玩。塊根作為藥用。

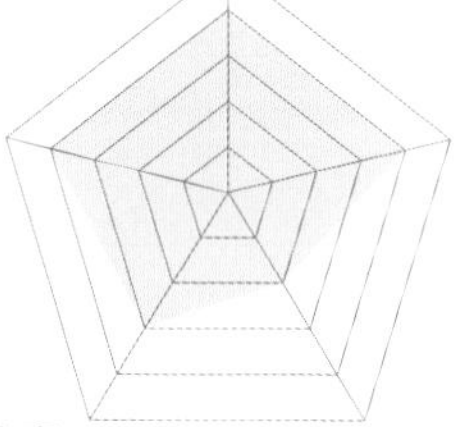

← 種子的形狀像螳螂頭。

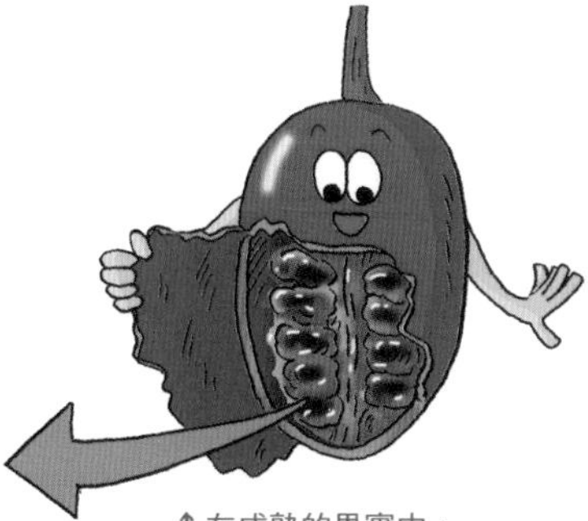

↑ 在成熟的果實中，有黏滑的部分包覆著種子。

↑ 有些人覺得種子像大黑天神的頭或一寸法師的小槌，放入錢包作為提升財運的護身符。

→ 用筷子攪拌，看起來就像納豆一樣。

↑ 種子的形狀凹凸不平，恐怕不好吞。不過由於種子很滑，可以溜進鳥類的肚子裡。

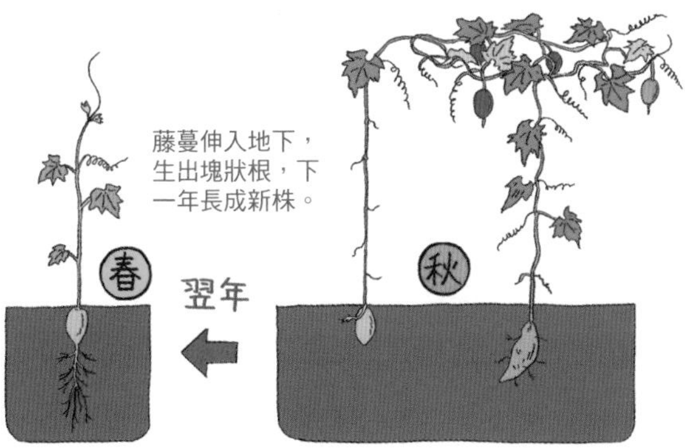

藤蔓伸入地下，生出塊狀根，下一年長成新株。

在靠近草叢的地方，有王瓜朱紅色的果實長成鈴的形狀，彷彿萬聖節的燈籠。說不定荒野小妖精為了慶祝秋季收成，今天正要舉辦派對呢！

夏夜裡王瓜開出白蕾絲般的花也很漂亮。雌雄異株，雌株會結出長約五公分的橢圓形果實「阿瓜」，有著綠白相間的條紋，接著成熟轉為朱紅色的果實。

成熟後的果實內部很滑溜。果肉黏滑地包覆著種子，如果用筷子攪拌，沒錯，簡直就像納豆一樣。種子的形狀像螳螂頭般帶有方角，為了方便鳥類吞食，所以很滑溜吧。果肉有淡淡的甜味。

秋季時，藤蔓尖端垂向地面，潛入土中長出塊狀根。除了種子，也藉由複製繁殖子株，增加同伴的數量。

專欄十三

種子的偷渡計畫

要被搬運、儲藏還是磨碎呢？

植物會利用動物巧妙地運送種子。讓種子包藏在果肉中讓動物吃，也是戰略的一種。種子潛入動物體內偷渡到其他地方，隨著可當作肥料的糞便排出，然後發芽。

像核桃等有硬殼的堅果，由牙齒銳利的松鼠與老鼠搬運、埋在土裡。大部分都會被吃掉，少部分運氣好會遭到遺忘，長出芽來。這也是植物安排好的劇本。

不過另一方面，遭到吞噬的種子也可能被牙齒或砂囊完全咬碎或磨碎。植物與動物之間長久以來一直存在著微妙的互相算計。

貉來吃已完全成熟的柿子。

正在啄日本厚朴的烏鴉。

栗耳短腳鵯正在啄食苦楝的大粒果實。

綠繡眼正在吃南蛇藤的果實。

果實被吃掉後，種子從糞便排出（種子散佈者）

像栗耳短腳鵯、綠繡眼、斑點鶇、灰椋鳥等鳥類，會把帶有果肉的果實一口吞下，將未消化的種子從糞便中排出。也有些種子會跟著難以消化的纖維質，一起黏成塊狀從口中吐出。啄木鳥與烏鴉也常吃樹木的果實。在動物中，貉、猴子、貂、熊、白鼻心等都喜歡吃有甜味的果實，並且從糞便排出種子。

栗耳短腳鵯的糞便。裡面夾雜著柃木的種子。

松鴉銜著枹櫟的種實，帶到其他地方。

星鴉是偃松重要的種子傳播者。

松鼠正在咬開胡桃的堅硬果殼。

忙著搬運榧樹果實的赤腹山雀。

雖然會吃種實，但也會把一部分儲存起來（儲食散佈者）

在硬殼中飽含滿滿營養的堅果，會利用有儲食習慣的齧齒類動物或鳥類旅行。橡實類、栗子、山毛櫸、榛果、胡桃、野茉莉、山茶、偃松、榧樹等都屬於這種類型，由松鼠、花栗鼠、姬鼠、赤腹山雀、松鴉、星鴉等儲食。

藏在地面或石頭縫隙的儲存食糧，大部分在冬季時會被挖掘出來吃掉，被遺忘而剩下的一部分會發芽，尤其如果動物們將種子埋在適合發芽的土壤深度與環境下。

麻雀在啄烏桕果實的蠟質。

野鴿正在啄食茱萸的果實。

正在啄碎野原薊種子的黃雀。

紅交嘴雀正啄開松果，吃裡面的種子。

破壞種子，進行消化吸收（種子捕食者）

像黃雀或紅交嘴雀、錫嘴雀等一類的鳥喜歡草木的種子，對於槭樹、松樹、薊類等原本應該飄散在空中的種子，牠們會用鳥喙啄碎吃掉。雉雞或鴿子會運用發達的砂囊，將吞下的整顆果實連種子一起磨碎。鴛鴦或熊也會將橡實吞下消化。鹿、野兔吃掉的果實與種子，大部分都會被消化，不過像草類的種子會適應草食動物的飲食習慣，直接通過消化道。

在鳥類不吞下種子只啄食果肉的情況下，種子沒有被帶走的機會。

常綠闊葉樹
蟲媒花

草珊瑚

Sarcandra glabra

Family: 金粟蘭科 | Genus: 草珊瑚屬

被食散佈・核(鳥散佈)
核果、果中有一核

黑痔美人 訴說遙遠的時光

NO.61

PROFILE

出生地	日本
住處	庭院或公園（野生的很罕見）
誕生月	6～7月
成人時期	11～2月
身高	4mm（種子） 0.7cm（果實）
食 藥 染 觀 遊 他	生長在庭院，附果實的枝葉可以作為正月的裝飾與插花的素材。乾燥的枝葉是藥材。

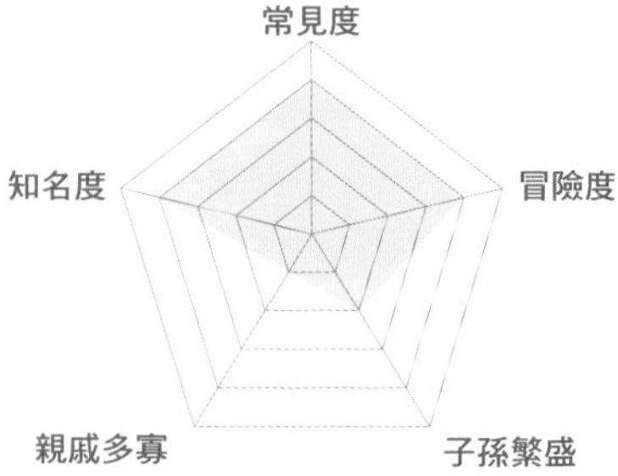

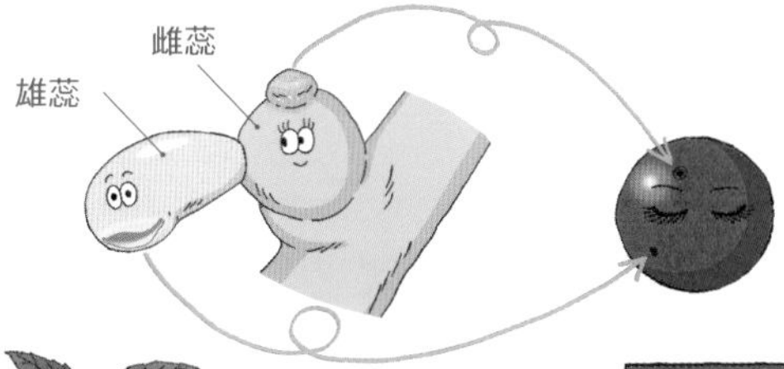

喜氣洋洋的植物圖鑑

百兩金
報春花科

紫金牛
報春花科

伏牛花
茜草科

硃砂根／報春花科

草珊瑚／金粟蘭科

仔細瞧正月的草珊瑚紅色果實，在果實的頂端與側腹有黑痔。其實這樣的黑點是從很久以前流傳下來。

以花朵的形狀來說，一般在花萼與花瓣的中心是雌蕊，周遭環繞著雄蕊。但是草珊瑚的花可不是這樣。它沒有花瓣與花萼，只有在低矮的雌蕊旁附著一根雄蕊。多麼奇特的花！

草珊瑚是古老的原始被子植物，花的構造只是在雌蕊的側面附雄蕊，換句話說，它等於是活化石，現在只有在同類植物中，才可以看到這種古老的花。

雌蕊會孕育出圓形的果實，側邊的雄蕊會枯乾掉落，但是在果實成熟變紅之後，仍有黑點殘留，頂端是柱頭、側腹是雄蕊的痕跡。請各位也試著找找看，這些訴說遙遠過去的小黑痔吧。

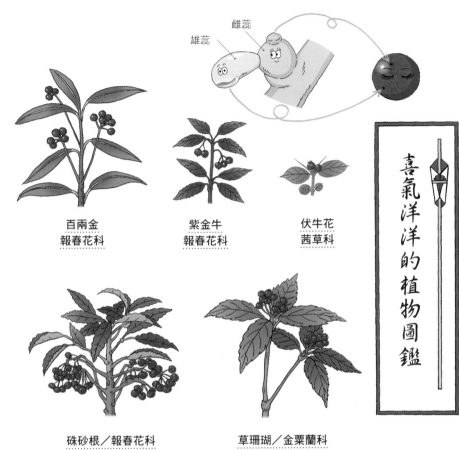

蔓性常綠闊葉樹
蟲媒花（雄株、雌株與兩性株）

南五味子

Kadsura japonica

Family: 五味子科 | Genus: 南五味子屬

被食散佈．種子（鳥散佈）
液果的集合果

不是和菓子！是給鳥兒的點心喔

NO.62

PROFILE

出生地	日本
住處	山野的樹林，有時在庭院或公園
誕生月	6～8月
成人時期	11月
身高	5mm（種子） 0.8cm（果實）／3～4cm（集合果）

食 藥 染 觀 遊 他　栽培作為觀賞用。以前的人會用樹枝的黏液固定頭髮。

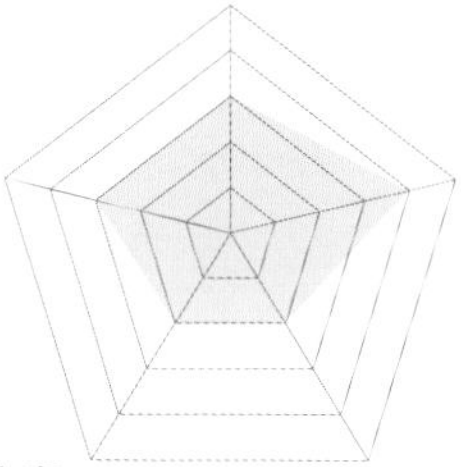

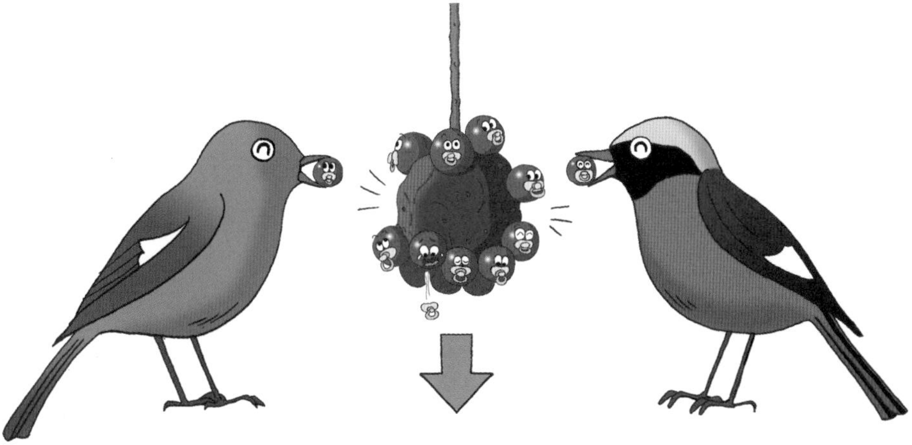

↓跟著鳥糞一起排出的種子，是白色的勾玉形狀。
噗通
→果托內是白色柔軟的部分。當然裡面沒有種子。
↑把果實剝開來只剩下果托，看起來就像櫻桃。

南五味子是和歌集《百人一首》也曾歌詠的常綠藤蔓。以前的人會採集樹枝的黏液，作為男性的美髮用品，因此又稱為「美男葛」。

它在冬季轉熟變紅的果實，令人聯想到和菓子「鹿之子」。光澤的球形果實覆蓋在球型果托的表面。在一朵花的中心有許多雌蕊都會結實，最後就形成這樣的外觀。

外表雖然像「鹿之子」，人類嚐起來卻一點都不甜，只覺得難吃。但是鳥類吃了果實之後，會按照植物的計劃，將種子帶到不同的地方。

隨著鳥類逐次造訪，「鹿之子」的果粒也跟著減少，最後只剩下底座的果托。紅色的果托垂在長柄下，現在看起來又像櫻桃。如果試吃這個部分，紅色的部分只有外皮，內側是充滿空隙的白色軟塊，既沒有味道也沒有營養。鳥類也不吃這個部分。

落葉闊葉樹
蟲媒花（雌雄異株）

青莢葉

Helwingia japonica

Family: 青莢葉科 | Genus: 青莢葉屬

被食散佈．核（鳥散佈）
核果，其中有一個果核

果實端坐葉片上 請來嚐嚐看

葉子跟我是一體的喲

→在葉片上連著小小的圓形果實。

NO.63

PROFILE

出生地	日本
住處	山野的樹林，有時候在庭院或公園
誕生月	5～6月
成人時期	8～10月
身高	5mm（種子） 1cm（果實）

食 藥 染 觀 遊 他　果實的樣子很有趣，有時會被當成茶花。成熟的果實很甜可以吃。

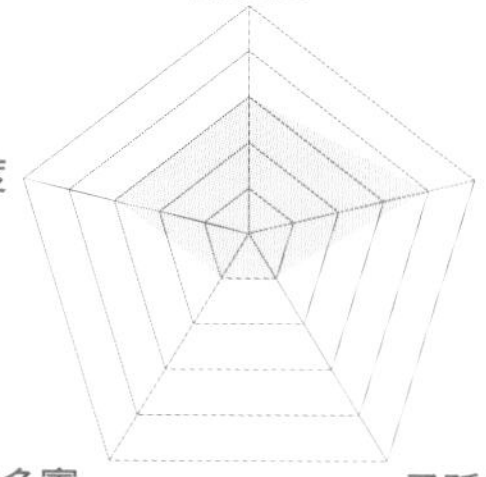
常見度
冒險度
子孫繁盛
親戚多寡
知名度

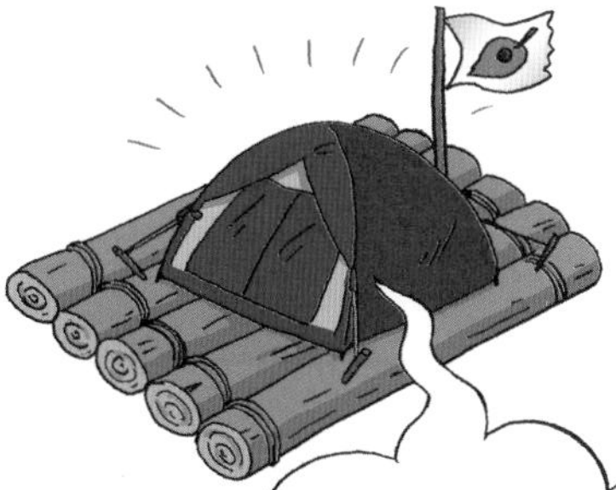

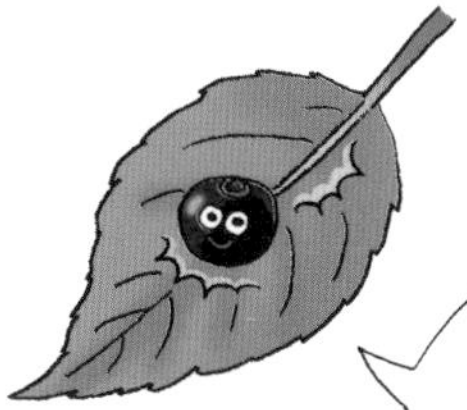

↓仔細看，到果實前的葉脈很粗。因為花與果實的柄連著葉脈。

↓有雄花與雌花。

雌花

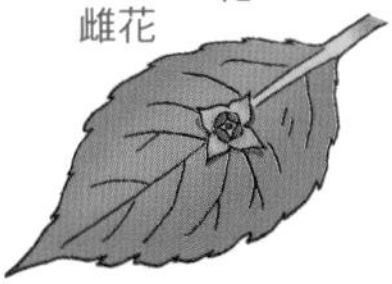

雄花

↑在果實中有四顆種子，果實在葉片上飽滿多汁地成長。

咦？果實長在葉子上？

由於青莢葉的花在葉子上綻放，所以日文名字是「花筏」。它是生長在山野樹林間的落葉灌木，外觀很有趣，所以也栽種在茶庭（編註：茶室外的庭園）中。

這究竟是怎麼回事呢？植物的葉與花一定長在莖的前端，這是不變的鐵則，不可能從葉子直接長出葉子或從葉子開花。

仔細看，從連接果實與花的部位到葉柄之間，中央的葉脈很粗。其實是花與果實的柄與葉脈癒合，因此看起來像是在葉子的中央開花結果。

青莢葉是雌雄異株，雄株在葉片上會開數朵雄花，雌花通常只有一朵，有時候會開兩、三朵雌花並且結實。果實從夏季到秋季成熟，轉變成黑紫色，味道酸甜可以吃。在自然界由鳥類啄食、帶走種子。

落葉闊葉樹
蟲媒花

和名：紫式部

日本紫珠

Callicarpa japonica

Family: 唇形科 | Genus: 紫珠屬

被食散佈．種子(鳥散佈)
液果、其中有四粒種子

才色兼備的美麗果實

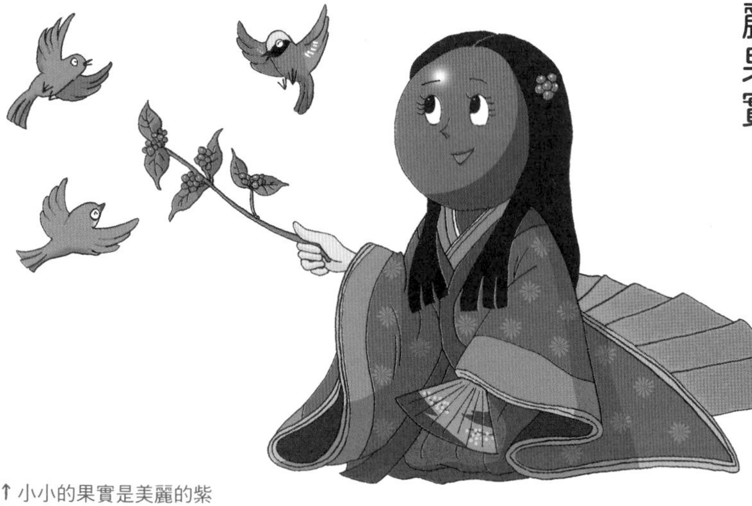

↑小小的果實是美麗的紫色，小鳥也很喜愛

NO.64

PROFILE

出生地	日本
住處	山野的森林 ，有時是庭院、公園
誕生月	6～7月
成人時期	10～1月
身高	2mm（種子） 0.4cm（果實）

食 藥 染 觀 遊 他　栽培作為觀賞用。同屬的紫珠（白棠子樹）栽種更普遍。

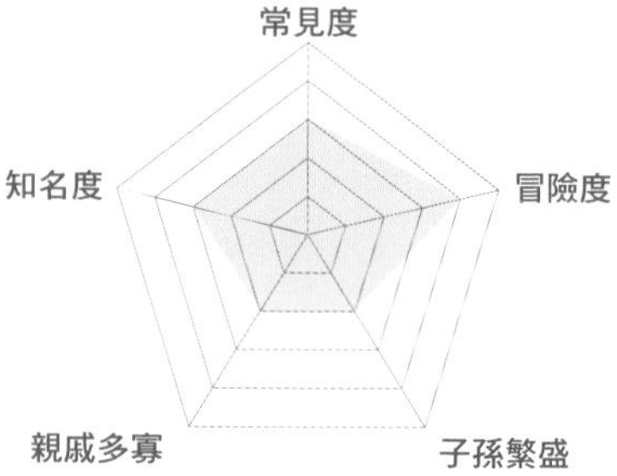

日本紫珠

→枝葉長得有點奔放。

紫式部
（九七八～一〇一六年）
久別重逢
還來不及相認
你已匆忙離去
彷彿夜半被雲
遮蔽的月亮

↑名字跟紫式部有關。

小式部內侍
（九九九～一〇二五年）
母親住在遙遠的丹後國
隔著大江山
迢迢荒野之路
至今仍未收到她的信
一如我沒去過京都的天橋立

↑名字同樣源自平安時代的女性，小式部內侍。

紫珠

←枝葉長得井然有序。

日本紫珠為秋季的雜木林增添亮麗的紫色。在日本以《源氏物語》的作者——平安時代（編註：公元七九四～一一八五年）的才女「紫式部」命名，有著美麗的果實。

在眾多穿著紅與黑顯眼華麗服飾的競爭對手中，日本紫珠除了以自己的美貌與才華有著亮眼的表現，也相當節制與高雅。適合小鳥啄食的小顆果實聚集在葉子旁，一直保持水潤飽滿。小粒的果實帶著微微甘甜，綠繡眼或黃尾鴝會來啄食，帶走種子。

近似種的紫珠也經常種在庭院裡。在日本同樣以平安時代的女詩人小式部內侍命名，叫作「小式部」，特徵是在弓狀低垂的細枝上，聚集著紫色的果實。以前分類在馬鞭草科，在最新根據DNA的分類體系中，這兩種植物都是唇形科的成員。

多年生草本
蟲媒花（雄花與兩性花）

杜若

Pollia japonica

Family: 鴨跖草科　　Genus: 杜若屬

被食散佈．種子（鳥散佈）
液果成熟後會變乾

偽裝可口的莓果
哎呀！種子像砂粒

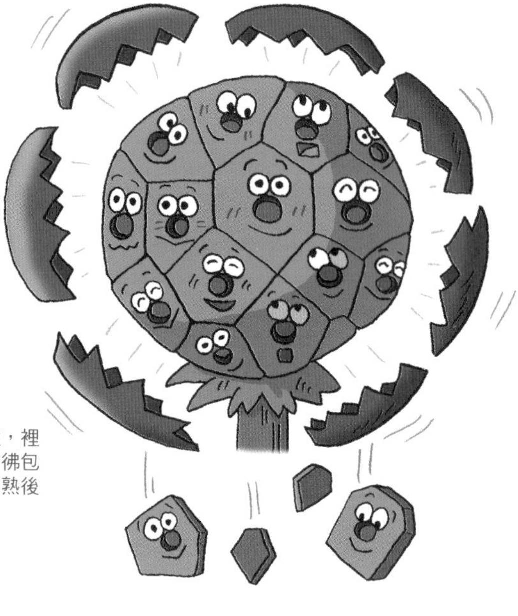

→果皮很有彈性，裡面全是細粒，彷彿包覆著砂。果實成熟後就不含水分。

NO.65

PROFILE

出生地	日本
住處	山野幽暗的森林
誕生月	8～9月
成人時期	8～12月
身高	1mm（種子） 0.5cm（果實）

食 藥 染 觀 遊 他

果實與花很漂亮，但是沒有栽培作為觀賞植物。也沒有人當作山菜或藥草利用。

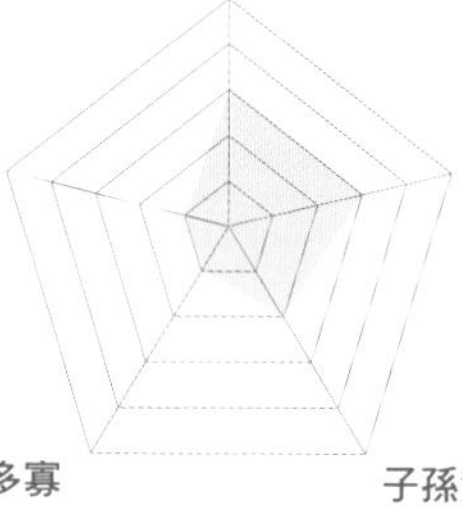

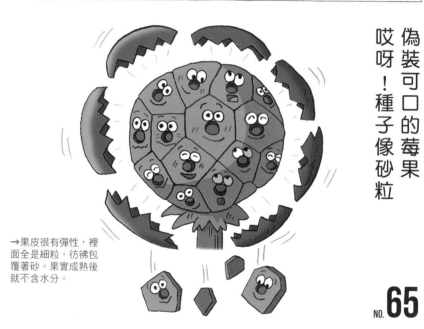

↓以帶有淡藍色光澤的果實引誘鳥類。

→葉子長得像茗荷，所以日文名字是「野茗荷」。不過兩者之間沒有親戚關係。

↓看起來像藍莓的藍紫色果實，應該很好吃吧！可是內容物簡直像砂粒一樣。

↑這是茗荷。屬於薑科。

種子是傾斜的多角形。

↑正中央凹陷，像是插曬衣竿的底座。

杜若是生長在溫暖地帶森林的多年生草本，在都會裡的公園也看得到蹤影。大片的葉子令人聯想到茗荷，但是杜若其實屬於關係遙遠的鴨跖草科，在初秋時花莖會長到約一公尺高，開著白色的花。

花朵陸續結實，成熟後的藍黑色果實泛著青白色光澤。色調跟藍莓有點像，鳥類應該會喜歡，但實際上並不受青睞，到了冬天還殘留著果實。

用手指試著壓破一粒果實。令人吃驚的是，果皮碎裂後流出的是砂粒。

砂粒是種子。用放大鏡看就像中心有洞的多邊形，總覺得好像在哪看過，對了，不就像架曬衣竿用的水泥台座？果實中塞滿了缺乏水分、養分，毫無多餘部分的砂粒。這是偽裝成可口的果粒，其實毫無營養價值的果實。

常綠多年生草本
蟲媒花

別名：麥冬、沿階草、書帶草

麥門冬

Ophiopogon japonicus

Family: 天門冬科 | Genus: 麥門冬屬

被食散佈・胚乳（鳥散佈）
種子、果皮會剝落

天然彈力球 林蔭下的「龍之玉」

NO.66

PROFILE

出生地	日本
住處	山野的森林，庭院與公園
誕生月	7～8月
成人時期	12～3月
身高	8mm（種子） 1cm（果實）

食 藥 染 觀 遊 他

也有園藝品種。地下的紡錘根可作為藥材。藍色的果實是孩子們玩耍的道具。

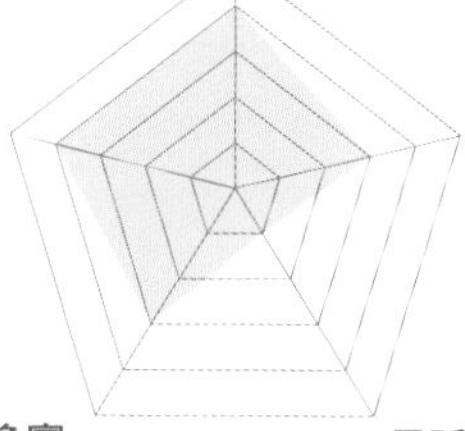

↓種子中的胚乳有彈性，如果投擲到地上會高高彈起。

↑白腹鶇與連雀等冬季候鳥會啄食。就算躲在陰影下結實，鳥類還是會發現。

→種子會跟著糞便一起排泄。

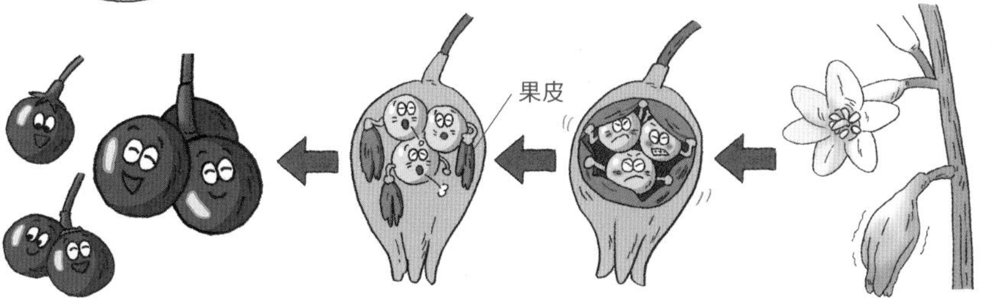

↑從一朵花會結出多顆種子，最多六粒。視營養狀態而定，通常是一到三顆。

↑藍色的「果實」其實是種子。在花謝後沒過多久，果皮就脫落，露出種子繼續成長。

在落葉累積的初冬森林，葉子細長的草叢中，發現閃耀著藍色光芒的寶石。這是在俳句中稱為「龍之玉」的果實。日文的名稱是蛇鬚，也是庭院裡常見的植物。

剝開綠色的皮，取出的乳白色種子很有彈性，投擲到地上會高高彈起，可說是天然的彈力球。過去的小孩叫這種果實「子彈」或「陣之實」，當作竹槍的子彈。

這種果實成長的方式相當奇特。花謝後變成果實，果皮脫落後露出種子繼續生長。換句話說，那是藍色的種子，藍色的外皮是種皮，乳白色的種子相當於胚乳。

藍色的美麗種子在葉子的陰影下，靜靜地等待冬天的小鳥前來啄食。堅硬的胚乳不會被消化，而是直接排泄掉，然後在春天發芽。

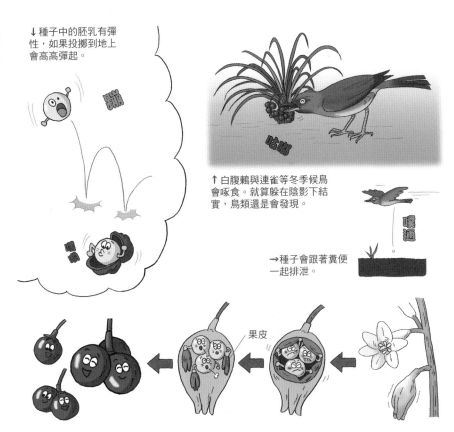

落葉闊葉樹
蟲媒花

衛矛

Euonymus alatus

Family: 衛矛科　Genus: 衛矛屬

被食散佈・種子(鳥散佈)
蒴果、可食部位是假種皮

戴上紅色貝雷帽 搖擺歌唱吧

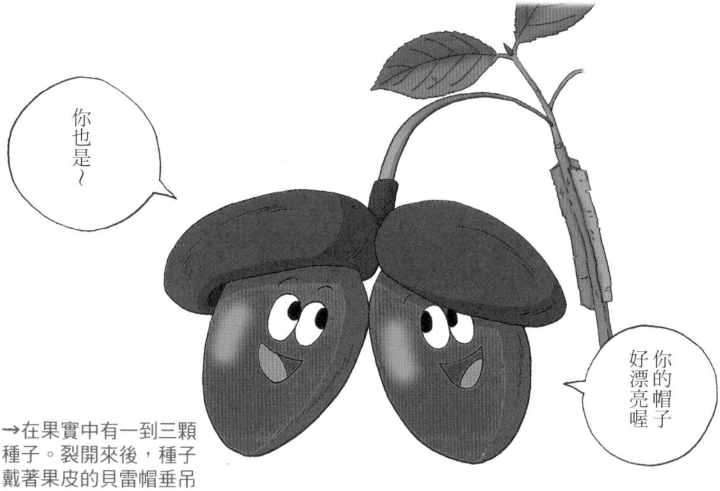

→在果實中有一到三顆種子。裂開來後，種子戴著果皮的貝雷帽垂吊著。

NO.67

PROFILE

出生地	日本
住處	山野的森林，庭院與公園
誕生月	5～6月
成人時期	9～10月
身高	4mm（種子） 1cm（果實）

食 藥 染 觀 遊 他

種植作為庭院的樹木與圍籬木。樹枝上的鰭狀部分可以當藥材。

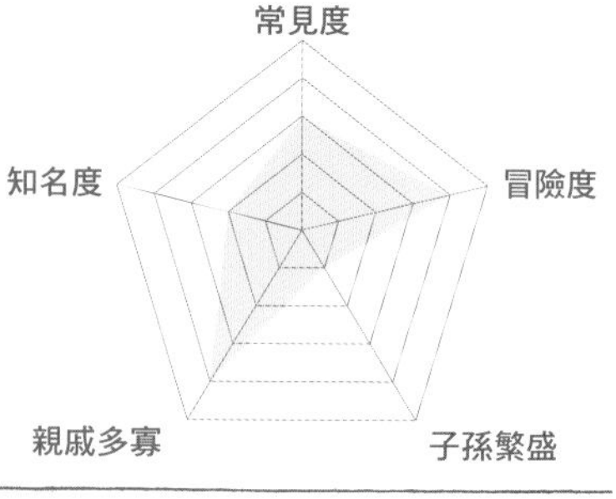

↓紅色假種皮製造出的膠質含油分，會成為鳥類的食物。

來吃吧～
種子
假種皮
←成熟後果皮會裂開來，露出紅色的飽滿果實。來自親代植物的附屬品稱為假種皮，裡面是種子。

衛矛的伙伴

垂絲衛矛
西南衛矛
黃心衛矛

衛矛是生長在山野的灌木，特徵是樹枝會長出鰭。在日文中稱為「錦木」，它的紅葉非常美麗，通常種植在庭院或作為圍籬木。

秋季時枝頭垂吊著戴酒紅色帽子的可愛果實。看起來像帽子的是裂開的果皮。果實成熟後裂開，在捲起的果皮下垂吊著紅色種子。也有從一朵花結出雙胞胎或三胞胎果實的情形，這時在帽子下會附著二或三顆種子。

種子裹著朱紅色的飽滿膠質大衣（在植物學是假種皮）。這種膠質含有油分，將會成為鳥類的食物，順便讓種子跟著一起被銜走。

同屬的西南衛矛果實是四角形，垂絲衛矛是圓形，黃心衛矛是幽浮狀。共通點是成熟後果皮會裂開，垂吊著包在紅色果凍裡的種子。

落葉闊葉樹
蟲媒花

海州常山

Clerodendrum trichotomum

Family: 唇形科 | Genus: 海州常山屬

被食散佈．核(鳥散佈)
核果、其中有一到四個核

甜美芳香 雞尾酒的誘惑

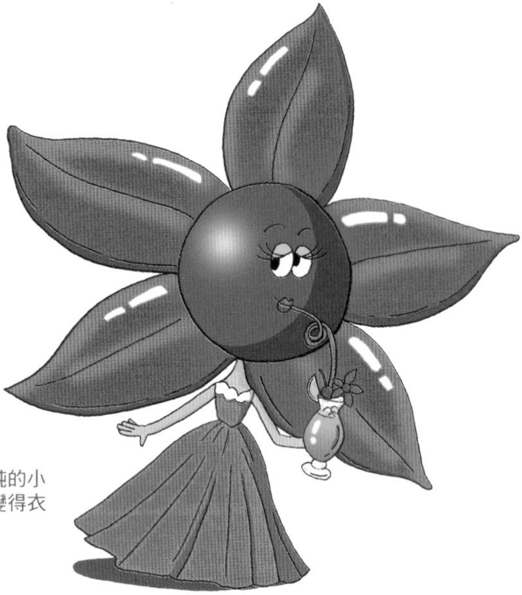

→花朵原本是清純的小姐，結了果實後變得衣著華麗。

NO.68

PROFILE

出生地	日本
住處	山野明亮的森林與路邊
誕生月	8～9月
成人時期	9～11月
身高	5mm（種子） 0.6～0.9cm（果實）

食 藥 染 觀 遊 他

花與果實很美，有些國家種植在公園。成熟的種子可以作成染料。

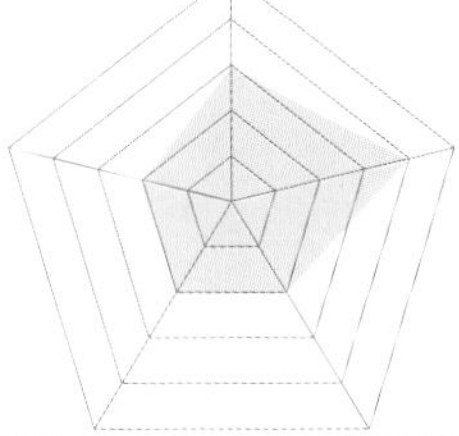

↓一顆果實裡有一到四粒種子。

↑果實的汁液是漂亮的藍色。也運用在草木染。

↑蜜積在長型的花筒裡。只有嘴長的昆蟲能吸食。

大自然會產生絕妙的藝術。生長在山野中的海州常山果實，就像是天然的胸針。在豔紅色星形的中心，有著藍色的寶石閃耀光輝，美得令人屏息；不過其中別有企圖。用意是藉著大紅與藍色的鮮明對比吸引鳥類的注意，讓牠們連著種子吞下果實，把種子散佈到其他地方。

海州常山在夏季開的花，同樣藉由色香的誘惑巧妙地進行託運。淺紅色花萼綻放的白花，在細長的雞尾酒玻璃杯注入甘蜜，散發茉莉花般的芳香引誘訪客。鳳蝶或夜蛾會帶著吸管來享用，代價是幫忙傳遞花粉。

雖然花與果實都很美，唯一可惜的是它有體臭。如果摩擦枝與葉，會產生像橡膠般的強烈氣味，所以名字又叫作臭梧桐。

落葉闊葉樹
蟲媒花（雌雄異株）

野漆

Toxicodendron succedaneum

Family: 漆樹科　　Genus: 漆屬

被食散佈・核（鳥散佈）
核果、果中有一核

照亮黑暗 製作蠟燭的果實

NO.69

PROFILE

出生地	日本、中國
住處	山野明亮的森林、公園
誕生月	8～9月
成人時期	11～12月
身高	5mm（種子） 0.8cm（果實）

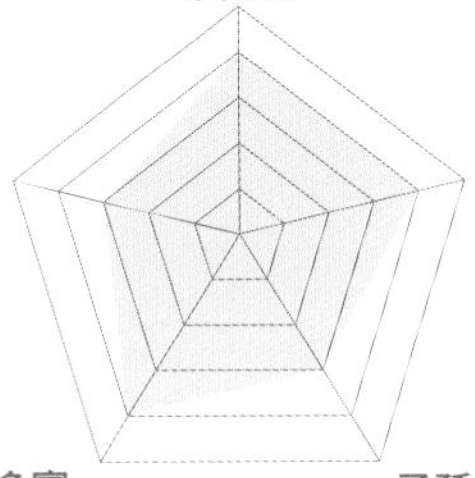

食 藥 染 觀 遊 他

果皮是製作蠟燭的原料。人們為了欣賞紅葉會種植在庭院裡。

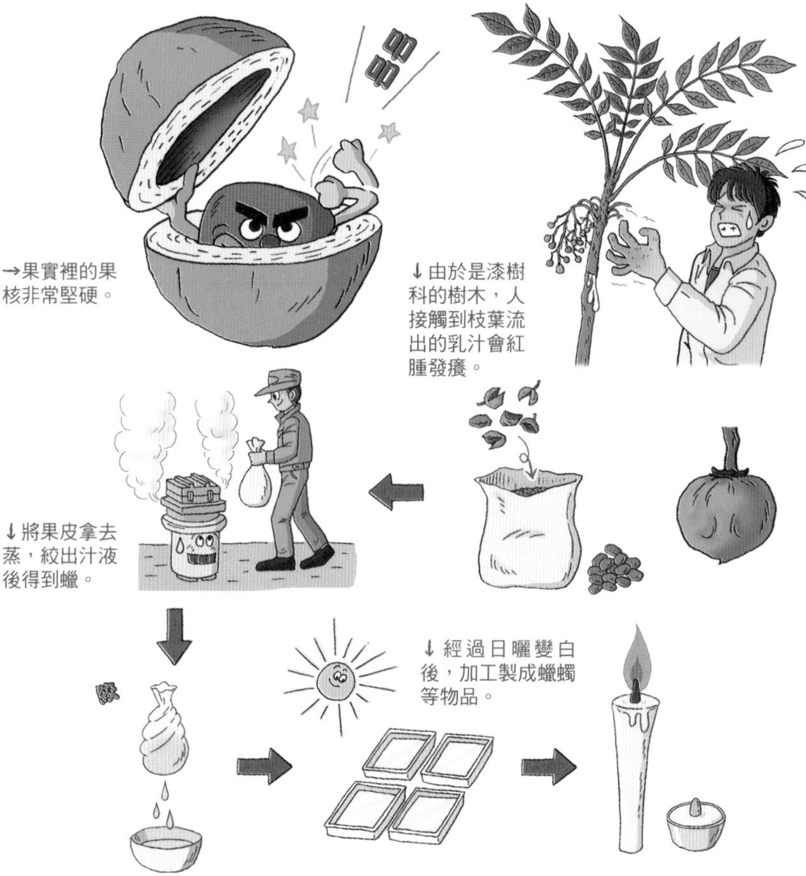
→果實裡的果核非常堅硬。
↓由於是漆樹科的樹木，人接觸到枝葉流出的乳汁會紅腫發癢。
↓將果皮拿去蒸，絞出汁液後得到蠟。
↓經過日曬變白後，加工製成蠟燭等物品。

野漆在古時候從中國傳入日本，過去為了取蠟而栽種，目前在溫暖地帶已經演變為野生植物。由於紅葉很美，會種植在庭院，但是皮膚接觸到枝葉可能會紅腫發癢，需要留意。

這種樹是雌雄異株，雌株結的成串果實在成熟後轉為灰褐色。含有的蠟熔點高，屬於植物油的一種，約佔果實總重量的百分之二十。將果實搗碎之後先用水蒸、絞出蠟後製作成蠟燭，在古時候是珍貴的照明來源。

人類對於擴展野漆的分佈有貢獻，不過最早的散佈者是鳥類。為了度過寒冬，鳥類會以高卡路里的蠟為目標聚集而來。果實本身的味道很平淡，不過在同時期野漆樹會長出鮮豔的紅葉代為宣傳。堅硬的種子難以消化，除了會直接排泄掉，也可能跟著纖維質一起吐掉，散佈到其他地方。

落葉闊葉樹
蟲媒花（雌雄異株）

鹽膚木

Rhus javanica

Family: 漆樹科　Genus: 鹽膚木屬

被食散佈・核（鳥散佈）
核果、其中有一顆核

鹹味招牌點心 謝謝招待！

↑蘋果酸鈣的鹹味受到鳥類喜愛。礦物質也很豐富。

NO.70

PROFILE

出生地	日本
住處	山野光線充足的森林與路旁
誕生月	8～9月
成人時期	10～12月
身高	4mm（種子） 0.5cm（果實）

食 藥 染 觀 遊 他

果實的分泌物可以取代鹽分。葉子的蟲癭含有單寧。可提供藥用、製作染料。

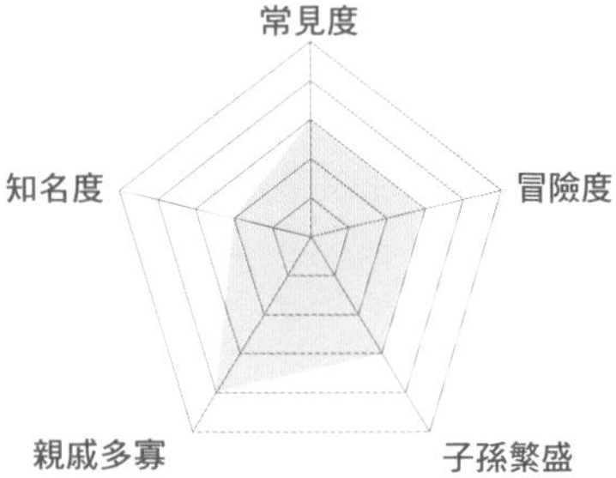

↓特徵是在羽狀複葉的中心軸有「翅」。

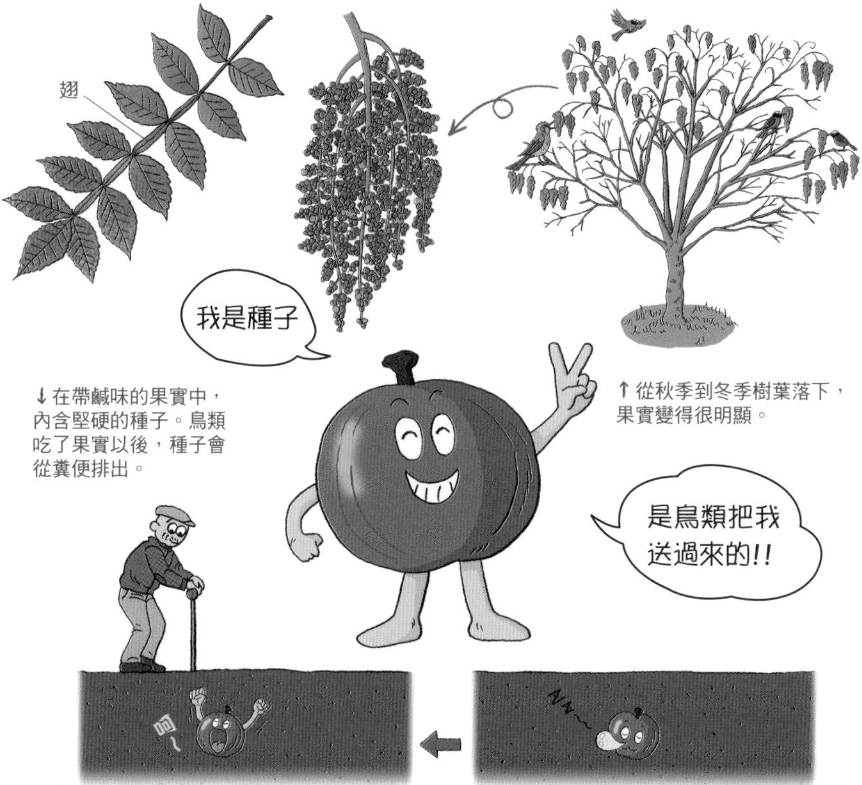

↓在帶鹹味的果實中，內含堅硬的種子。鳥類吃了果實以後，種子會從糞便排出。

↑從秋季到冬季樹葉落下，果實變得很明顯。

↑如果環境變得明亮，堅硬的種皮就會裂開吸水，從休眠中醒來並且發芽。

↑落在地面上的種子在陰影下會陷入長眠。至少可以睡個五十到八十年。

鹽膚木是山野路旁常見的灌木，特徵是羽狀複葉的中心軸有翅。雖然是漆樹科植物但是毒性低，一般就算碰觸到也不會引起過敏。

在眾多以華麗外表引誘鳥類的果實中，鹽膚木別具特色。因應鳥類的需求開發出獨特招牌菜——白色結晶物「蘋果酸鈣」。分泌在果皮外側，讓表面覆蓋著一層白色。鳥類啄食礦物質豐富的果實後，排泄出種子。

種子堅硬而頑強，在陰暗的地方可以休眠超過五十年以上。如果樹林經過採伐及其他原因，由直射日光讓地表溫度升高，種子就會醒來。鹽膚木可說是率先在空地生長的「先驅植物」代表。

蘋果酸鈣舔起來的味道跟鹽很像，帶有鹹味。據說過去在日本距海遙遠的山村稱為「白膠木鹽」，是種珍貴的調味料。

落葉闊葉樹(植栽)
蟲媒花

槐

Styphnolobium japonicum

Family: 豆科　Genus: 槐屬

被食散佈．種子(鳥散佈)
豆果、果皮不會裂開

細腰美人 富有彈性的身軀

NO.71

PROFILE

出生地	中國
住處	公園或街道
誕生月	7～8月
成人時期	11～2月
身高	10mm（種子） 5～10cm（果實）

食 藥 染 觀 遊 他

種植作為行道樹。果實與花苞乾燥後可以提供藥用。花苞是黃色染料。

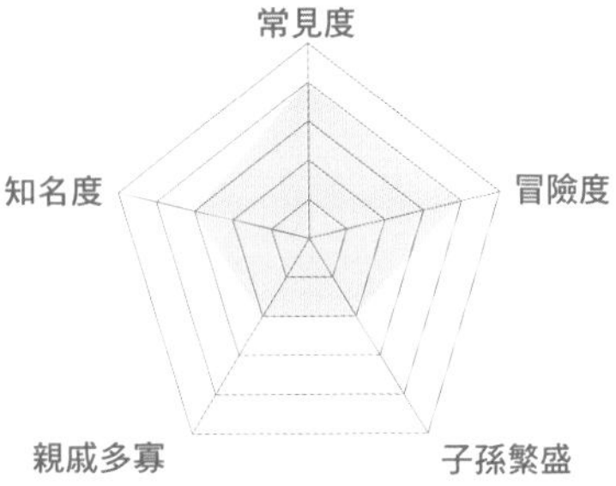

↑在晚秋的槐上有鳥類聚集，彷彿「群鳥之樹」。

↑把一小節扯下來正好是一口大小。

→成熟後變得半乾的果實稍微有點黏，像軟糖一樣。栗耳短腳鵯、灰椋鳥、灰喜鵲等鳥類都愛吃。

槐形成陰涼的樹蔭，奶油色的花低垂到路上。在它的故鄉中國象徵著學問與權威，是種很高級的樹，過去想揚名立萬的人，會種植在家中庭院一隅。

到了秋天，枝頭結出綠色的果實像鈴一樣垂下。這種果實相當奇特，束成一粒粒彷彿念珠似的，又像軟糖般有彈性，帶有透明感。豆科植物的果實乾了之後通常會裂開，不過槐的果實含黏液質，所以成熟後不會變乾裂開。

入冬後軟糖般的果實變得半乾，成為鳥類喜愛的食物。你看，鳥類會銜著果實向旁邊扯，摘下一口大小的分量後吞下。原來如此，果實收束的地方是為鳥類準備的「撕線」。它特地費心讓果實更容易吃！（雖然也別有企圖。）

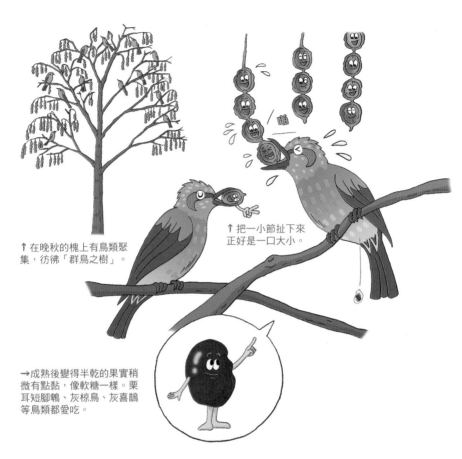

未成熟的果實

落葉闊葉樹
蟲媒花（雌雄異株）

山椒

Zanthoxylum piperitum

Family: 芸香科 | Genus: 花椒屬

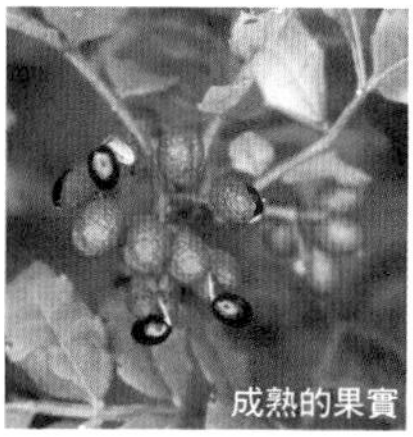
成熟的果實

被食散佈．種子（鳥散佈）
蒴果、可食部分含油脂

大膽紅黑配
小小顆粒好辛辣

→一朵花會結出一到三粒果實，最常見的是兩粒一組。

NO. 72

PROFILE

出生地	日本
住處	山野的森林，庭院或田地
誕生月	4～5月
成人時期	9～10月
身高	5mm（種子） 0.6cm（果實）

食 藥 染 觀 遊 他

果殼粉末與嫩葉可以作為香料。鮮嫩的果實與葉子是佃煮的佐料。樹幹用來製作研缽的杵。

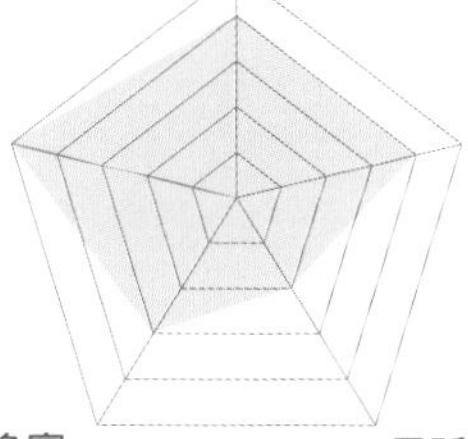

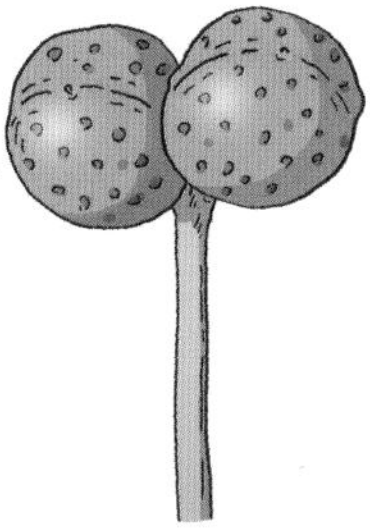

←因為是芸香科的植物，在果實還是綠色時，外表像橘子一樣有細小的顆粒。在佃煮中加入的這種青澀果實稱為「有馬山椒」。「魩仔魚山椒」也是道必備的家常菜。

↓將成熟果實的殼磨成粉，就是吃蒲燒鰻魚時不可或缺的山椒粉。

↑成熟後出現黑色的種子。表面有油覆蓋亮亮的。這種油會成為鳥類的食物。

山椒是日本本地生產的香料。有香氣的嫩葉是日本料理的佐料，將成熟的果殼磨碎製成「山椒粉」，就是吃蒲燒鰻魚時不可或缺的調味料。俗話說「山椒顆粒雖小，卻十分辛辣」，就是指綠色的未成熟果實，只要含著一粒咬破，獨特的辣味讓舌頭麻痺，適合作為佃煮的調味或加入燉煮物。

它是雌雄異株，雌株會結實。果實是長度約六公釐的橢圓形，每束有一到三粒小小的果實。到了秋季山椒轉紅成熟，果皮就會裂開來，露出黑色帶有光澤的種子。紅與黑的對比特別吸引鳥的視線。

山椒獨特的戰術正要開始展開。鳥類要吃的不是果肉，而是種子表面薄薄覆蓋的一層油。鳥類吞下種子後攝取高卡路里的油脂，種子本身會隨著糞便排出。結束任務後的果殼並未被捨棄，還可以磨成山椒粉。

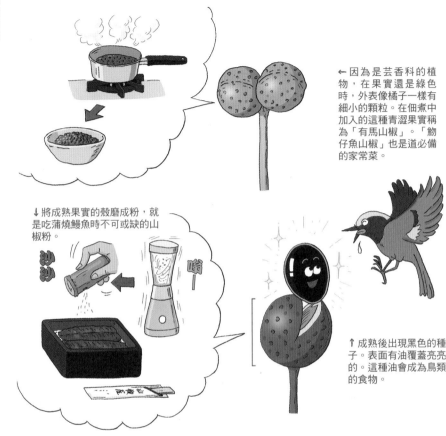

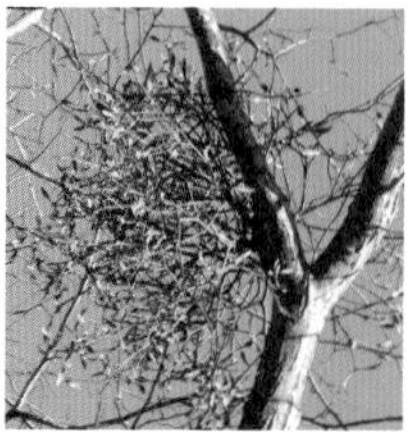

常綠闊葉樹（半寄生植物）
蟲媒花（雌雄異株）

槲寄生

Viscum album

Family: 槲寄生科（新分類是檀香科）　Genus: 槲寄生屬

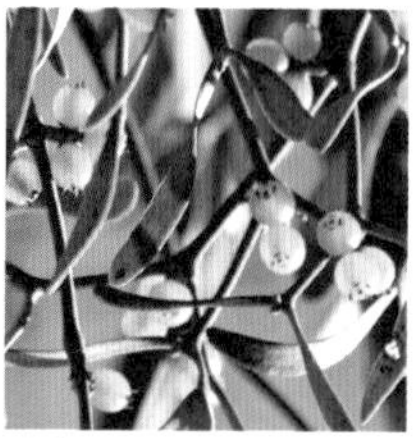

被食散佈．種子（鳥散佈）
液果、其中有一到二顆種子

附在樹上發芽　黏呼呼的糞便戰術

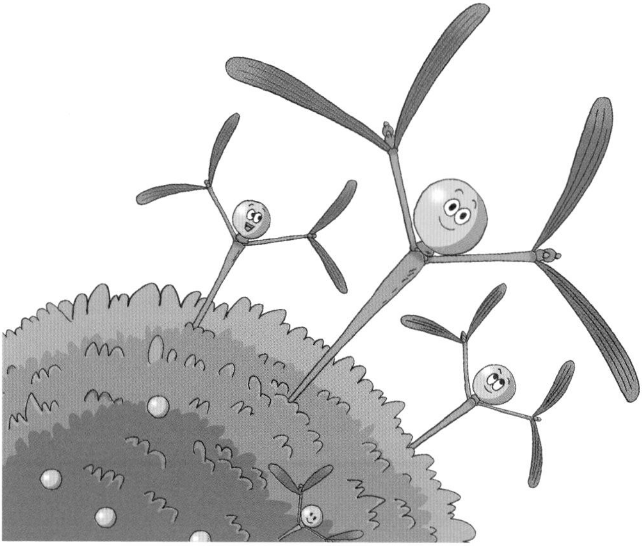

NO.73

PROFILE

出生地	日本
住處	林間落葉樹的樹上
誕生月	2～3月
成人時期	12～3月
身高	5mm（種子） 0.8cm（果實）

食 藥 染 觀 遊 他　附著果實的枝可作為插花的材料、聖誕節的裝飾。

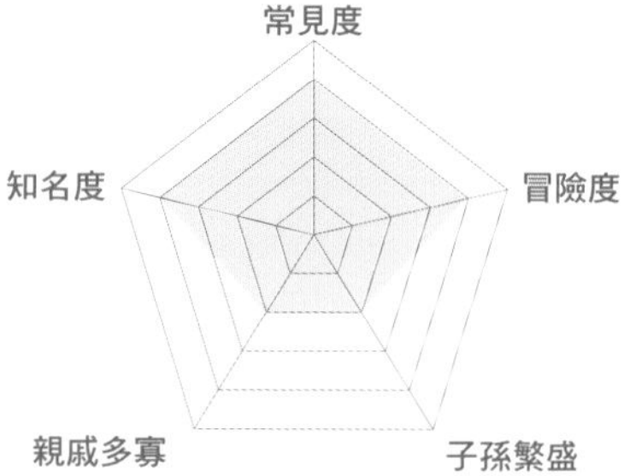

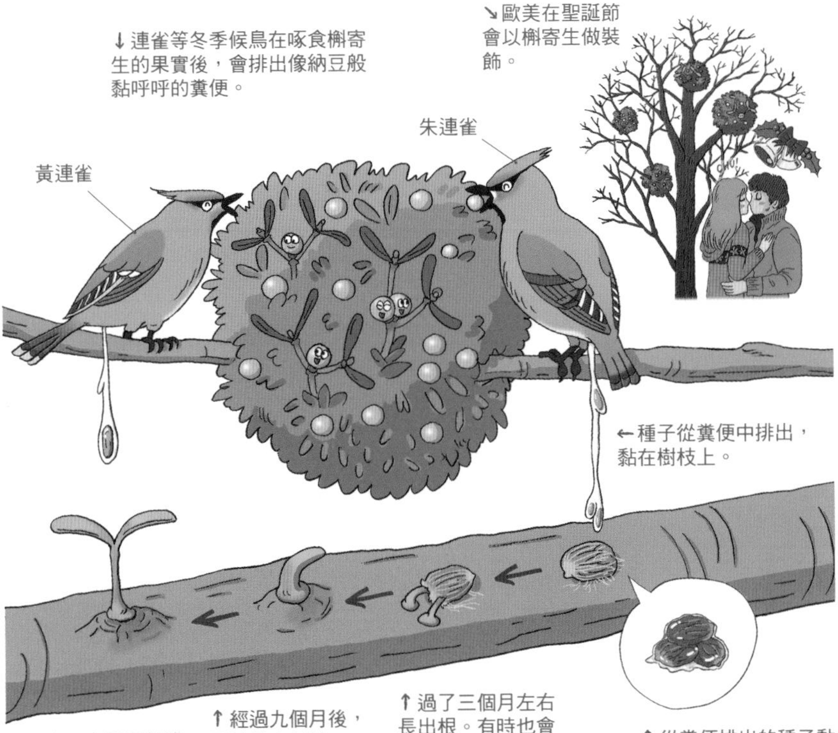
↓連雀等冬季候鳥在啄食槲寄生的果實後，會排出像納豆般黏呼呼的糞便。
↘歐美在聖誕節會以槲寄生做裝飾。
朱連雀
黃連雀
←種子從糞便中排出，黏在樹枝上。
↑一直到展開雙葉，大概要三年半的時間。
↑經過九個月後，開始長出新枝。
↑過了三個月左右長出根。有時也會從一顆種子冒出兩個芽。
↑從糞便排出的種子黏在樹枝上，寄生的過程由此展開。

在冬季枯乾的樹梢上，掛著謎樣的球體，原來這就是槲寄生。它是生長在櫸與山毛櫸等落葉樹上的半寄生植物，向樹皮深處扎根，奪取水分與養分，長出厚厚的常綠葉片。

槲寄生有分雄株與雌株。到了冬季時，雌株的末梢轉為黃色，有時候紅色的圓形果實像寶石一樣反映光芒。

像連雀等冬季候鳥喜歡這類果實，會連日聚集啄食。因果實含有黏性物質，吃了以後糞便也會變得黏黏的，像納豆般從鳥類的股間垂下。如果種子順利附著在樹枝上，就會冒出根與芽，在樹上長出新的槲寄生。

槲寄生的種子是綠色，由強力的黏著物質包覆。展開雙葉伸根才算是真正開始寄生，不過等到第一次展開葉子至少要三年半，看來寄生生活也並不容易。

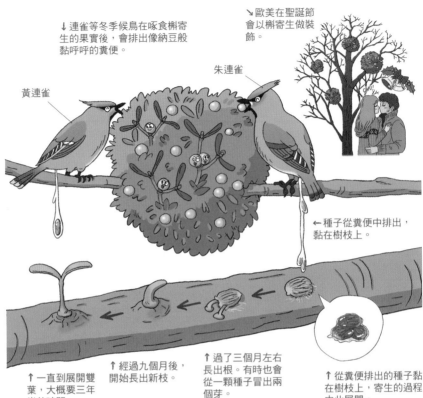

鳥類喜愛的漂亮果實圖鑑

鳥類的色覺很敏銳，嗅覺卻遲鈍。因此要藉由鳥類搬運的果實，會展現鮮豔的色彩吸引鳥類。尤其鳥類對紅色特別敏感，如果與黑色搭配，效果更好。黑色果實有一部分會吸收紫外線，透過鳥類的眼睛看起來就像彩色。

西南衛矛

懸鉤子

蛇莓

槲寄生

野薔薇

野鴉椿

衛矛：粉紅色的果實裂開後，長出赤紅色的種子。槲寄生：長在樹上的寄生植物。果實半透明很美。野鴉椿：紅色的果皮裂開後，出現黑色的種子。懸鉤子：日文裡叫做「木莓」，果實甜美可口。蛇莓：生長在原野的草莓的親戚，沒什麼味道。野薔薇：日本的野生薔薇，紅色的果實就像寶石。

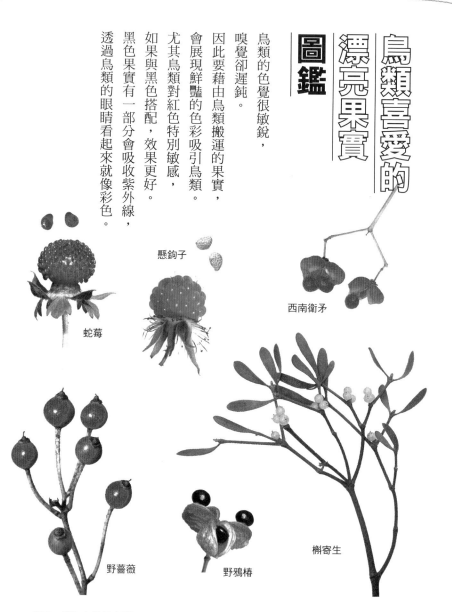

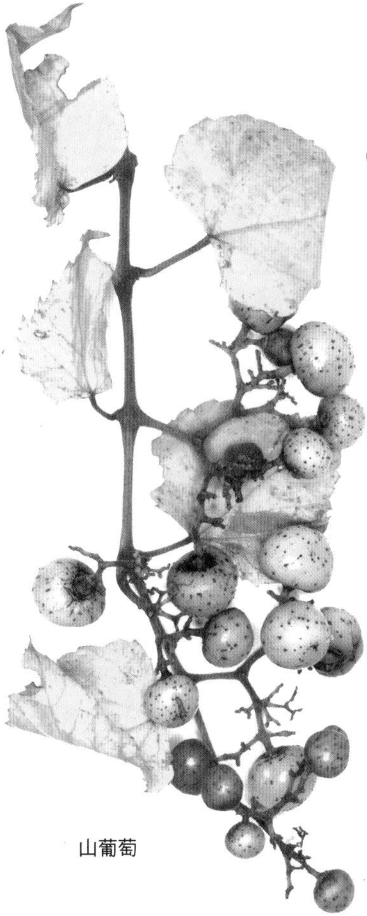

山葡萄

沿階草

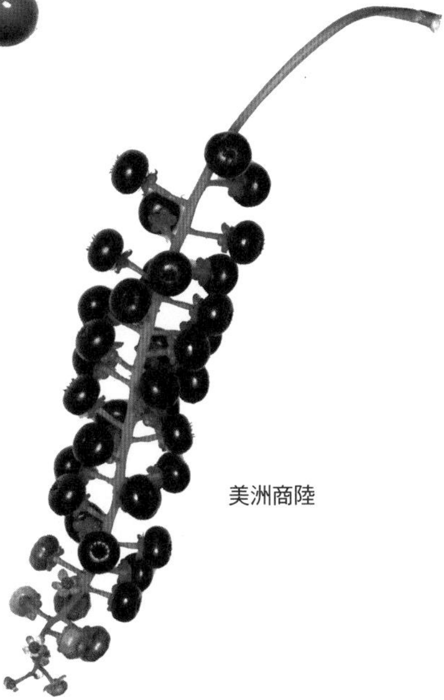

美洲商陸

海州常山

日本紫珠

山葡萄：果實呈現深淺不同的顏色，成熟時會吸引鳥類，但是不能供人食用。美洲商陸：黑色的成熟果實，醒目地附在紅色果梗上。沿階草：與麥門冬是親戚，藍色的果實略顯瘦長。海州常山：在紅色的花萼中心有一枚藍色的果實，就像天然的胸針。日本紫珠：果實呈現無法比擬的美麗紫色。

專欄十四

「只能讓你吃一點喔」的法則

植物廣泛散佈種子的智慧

果實成熟後顏色鮮豔，宣告著「來吃吧」的訊息，引誘鳥類。植物雖然不能動，藉由讓鳥類啄食果實，讓種子從糞便排出，就可以移動到其他地方。

如果試著品嚐鳥類啄食的果實，將意外地發現它們多半苦澀乏味。明明應該要很可口才會被吃，嗯，真是不可思議。

不過仔細想想，要是果實很好吃，鳥類當場吃個不停，種子會全部直接落在原地。這樣就失去引誘鳥類的意義。為了將種子散佈到更遠、更廣的地方，植物特地結出難吃的果實，限制鳥類一次能吃的量。也就是「來吃吧，不過只能吃一點喔。」的意思。

也有些果實像小葉桑、櫻桃也很美味，不過這類果實並不會全部一起成熟，而是每次變色轉熟一部分。鳥類會分辨顏色，只吃成熟的果實，逐漸地每次帶走一點種子，所以「只能讓你吃一點喔」的法則依然成立。

南天竹的果實。果實在冬季轉紅成熟，看起來很美但是含有毒成分，帶有苦味。栗耳短腳鵯只會啄食一點點，就算還殘留著果實也會直接飛走。

野生的櫻花果實由紅轉黑，成熟後變得甘甜。果實在初夏時漸漸成熟，鳥類也分多次來啄食，將種子散播到各地。

第十章

靠蟲搬運的種子

在果實與種子中，有些會依賴渺小的螞蟻。螞蟻雖小但力氣很大，能夠迅速發現食物並且搬走。茂密的草叢或林中的小草，則會幫種子附帶其他的食物。蟲子吃掉果實，同時也幫忙搬運了種子，這樣的例子雖少但是很典型。

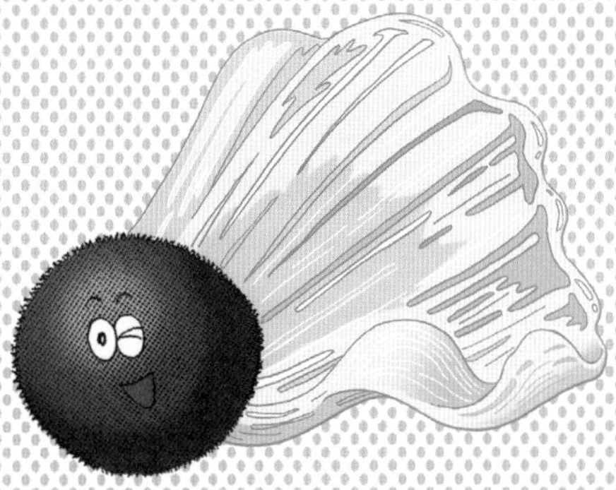

多年生草本
蟲媒花

異果黃堇

Corydalis heterocarpa

Family: 罌粟科 | Genus: 紫堇屬

螞蟻散佈．種子(鳥散佈)
蒴果、沒有明顯開口

天使的翅膀是螞蟻的點心

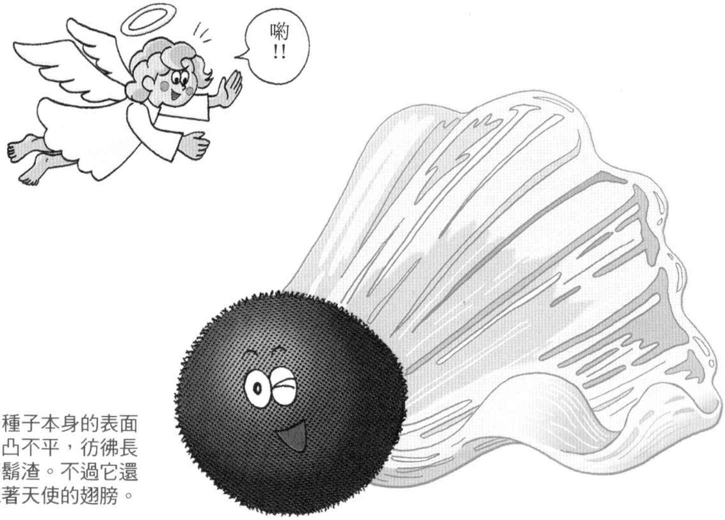

→種子本身的表面凹凸不平，彷彿長著鬍渣。不過它還拖著天使的翅膀。

NO.74

PROFILE

出生地	日本
住處	山野的草地或路邊
誕生月	4～5月
成人時期	5～6月
身高	1.5mm（種子） 3cm（果實）

食 藥 染 觀 遊 他

全株有毒。雖然花與葉子很漂亮，卻沒有人栽種。

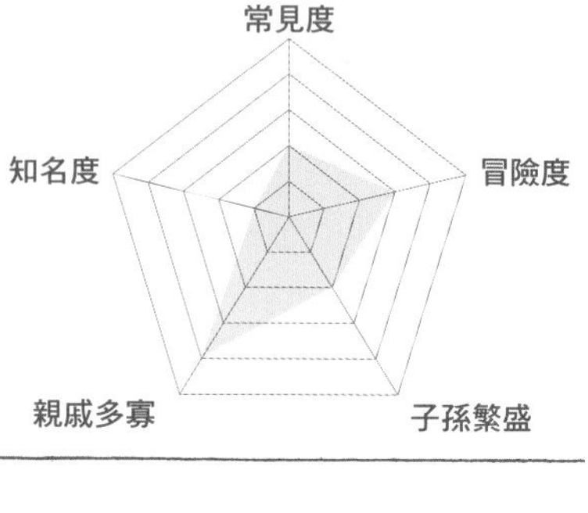

↑這種翅膀並不是為了乘風而生。

↑果莢呈現不規則的彎曲。

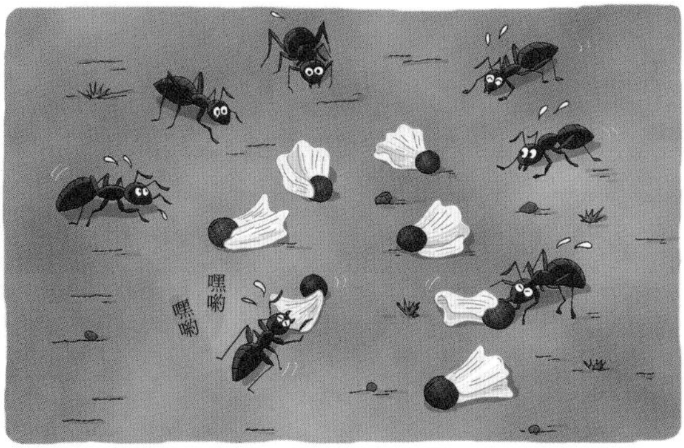

↑果實維持鮮綠散開來。種子附帶白色的油質體，散落在地上後，螞蟻很快就會靠近。

↑白色的翅膀是為螞蟻準備的果凍點心，這是為了引誘螞蟻搬運的戰略。

在眾多植物種子當中，異果黃堇毫無疑問可躋身最美的前三名。雖然是野草細小的種子，放大來看，彷彿新藝術運動時期，雷內．拉利克（René Lalique）的玻璃工藝品，就像天使的翅膀。

異果黃堇的葉子纖細地裂開並且泛白，莖部光滑。全株都有毒，如果撕裂會流出有惡臭的黃色汁液（不過只要不吃就沒問題）。

異果黃堇的花會橫向排列地綻放，凋謝後就結出不規則彎曲的果莢。成熟後的果莢仍是綠色的，讓種子散落一地。

黑色的種子附贈引誘螞蟻的果凍點心（油質體）。螞蟻一下子就聚集過來，將種子搬到螞蟻窩。附贈的點心吃完後，螞蟻立刻對種子失去興趣，拋棄在蟻巢附近柔軟的地面。

多年生草本
蟲媒花

豬牙花

Erythronium japonicum

Family: 百合科 | Genus: 豬牙花屬

螞蟻散佈・種子
蒴果、上方裂成三瓣

螞蟻最鍾愛的白色霜淇淋

NO. 75

PROFILE

出生地	日本
住處	山野明亮的森林
誕生月	4～6月
成人時期	5～6月
身高	5mm（種子） 2cm（果實）

食 藥 染 觀 遊 他

種植在庭院，附果實的枝可以作為正月的裝飾或插花的素材。乾燥的莖葉可以作為藥材。

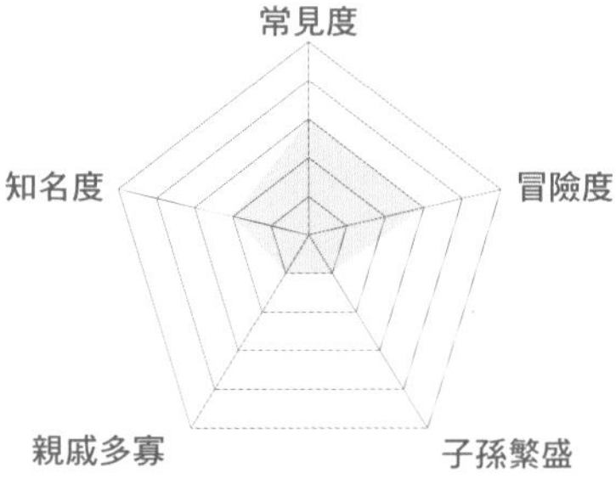

↓Spring ephemeral的意思是「春季短暫的生命」。在早春出現，很快地就消失了。

↓螞蟻吃掉油質體捨棄種子後，種子就開始發芽了。

↑豬牙花生長緩慢，在第一年只冒出細長瘦弱的葉子。

↑螞蟻發現豬牙花的種子後，搬回巢裡。

豬牙花是像春天妖精般的花。才正想著它比其他的植物先伸展葉子開花，在僅僅兩個月的時間後，就只剩下球根與種子，徹底消失蹤影。像這種生命型態的植物，稱為「春季短生植物」。

豬牙花的果實成熟時，正是草木生長的季節。在陰暗茂密的樹林地面，風與鳥無法幫忙運送種子。所以豬牙花選擇利用螞蟻。

它的果實成熟後會有開口。漏出來的種子附有白色的果凍塊。這就是「油質體」，包含螞蟻喜愛的脂肪酸與糖，也可以說是送給螞蟻的禮物。由於種子表面有吸引螞蟻的物質，所以牠們會認真搬運。

同屬於春季短生植物的鵝掌草與側金盞花，也都為種子附上禮物，讓螞蟻搬運。

螞蟻宅急便

像異果黃堇或紫花地丁這類「螞蟻散佈種子」，
多見於春季到夏季的草花。
種子帶著稱為「油質體」的果凍，
富含糖與脂肪酸，
委託螞蟻運送。
螞蟻把種子搬回巢，
吃完果凍之後，
捨棄種子，扔在柔軟的土壤上。

鵝掌草

春季短生植物的一種。種子邊緣附有油質體。

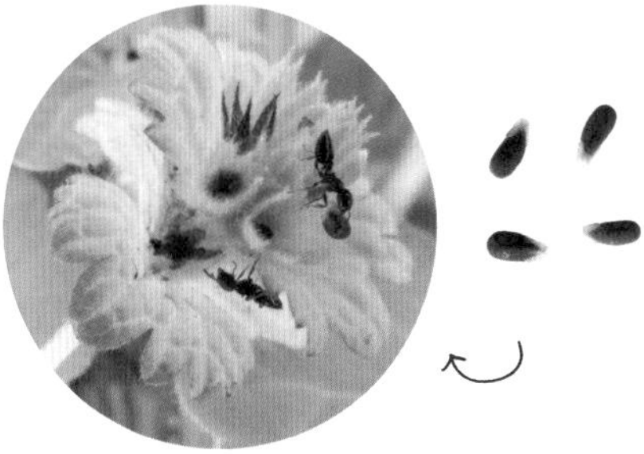

寶蓋草

生長在田野與路邊的一年生草本。在春季開花，也會開閉鎖花。

日本菫菜

雖然屬於菫菜屬，種子卻不會飛。作為補償，種子所附的油質體也是最大的。

圓齒野芝麻

跟寶蓋草同屬的歸化植物。在春天開花。

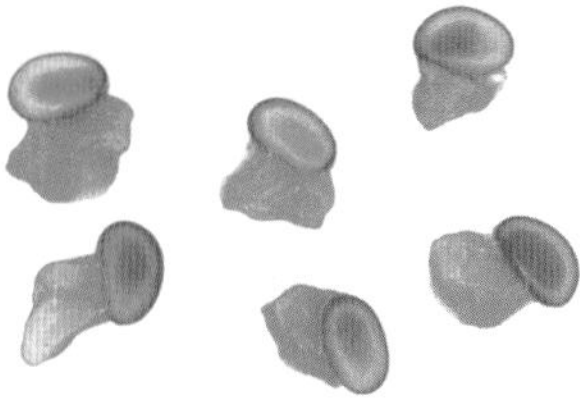

紫花地丁（106頁）

種子彈飛後，會由螞蟻搬走。

延齡草

山上的多年生草本，附著三片葉子，像電風扇一樣。果實在夏季會成熟。

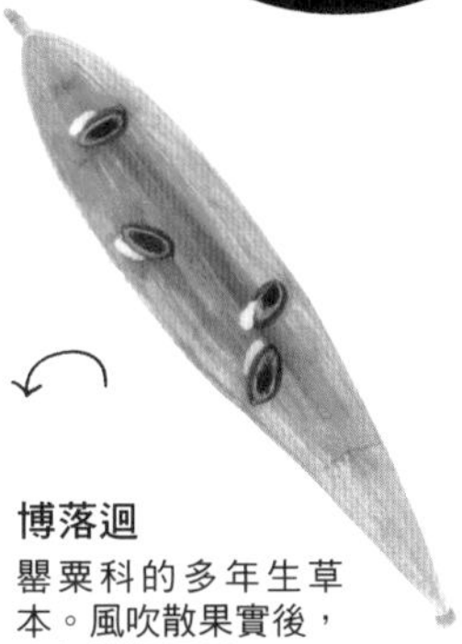

博落迴

罌粟科的多年生草本。風吹散果實後，由螞蟻搬運種子。

豬牙花（212頁）

種子幾乎都由螞蟻搬運。

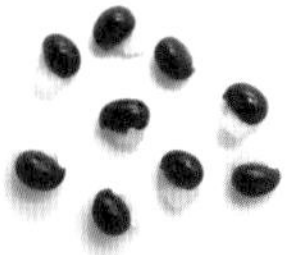

白屈菜

罌粟科，綻放的花有四片黃色花瓣。

刻葉紫菫

異果黃堇的親戚。果實裡的種子會彈飛。

淫羊藿

在春季的雜木林開花的多年生草本。果實成熟後，會彈出附帶飽滿果凍的種子。

多年生草本（菌寄生植物）
蟲媒花

別名：球果假水晶蘭

水晶蘭

Monotropastrum humile

Family: 杜鵑花科 | Genus: 水晶蘭屬

被食散佈・種子(昆蟲散佈)
液果、果肉裡有細微種子

森林裡的白色妖怪把種子藏在哪？

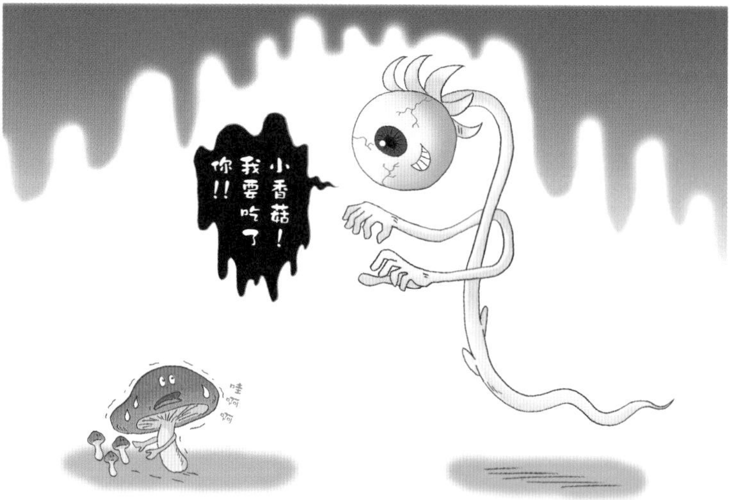

→由於全白的外觀，它的日文別名是「幽靈茸」。不含葉綠素，是一生依賴真菌生存的菌寄生植物（異營生物、腐生植物）。

NO. 76

PROFILE

出生地	日本
住處	山野幽暗的森林
誕生月	5～7月
成人時期	6～8月
身高	0.3mm（種子） 1～1.5cm（果實）

食 藥 染 觀 遊 他　在山野生長的模樣可供觀賞，但是沒有人栽種，也沒有加以利用。

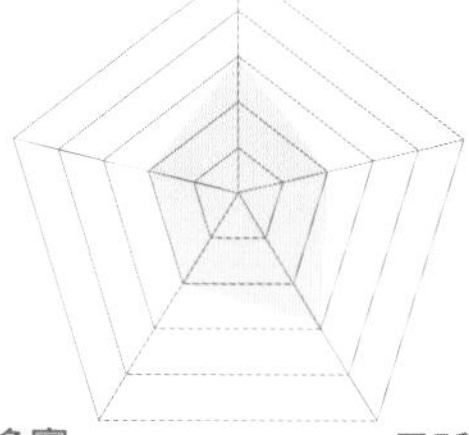

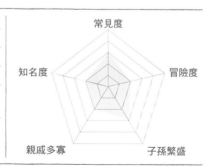

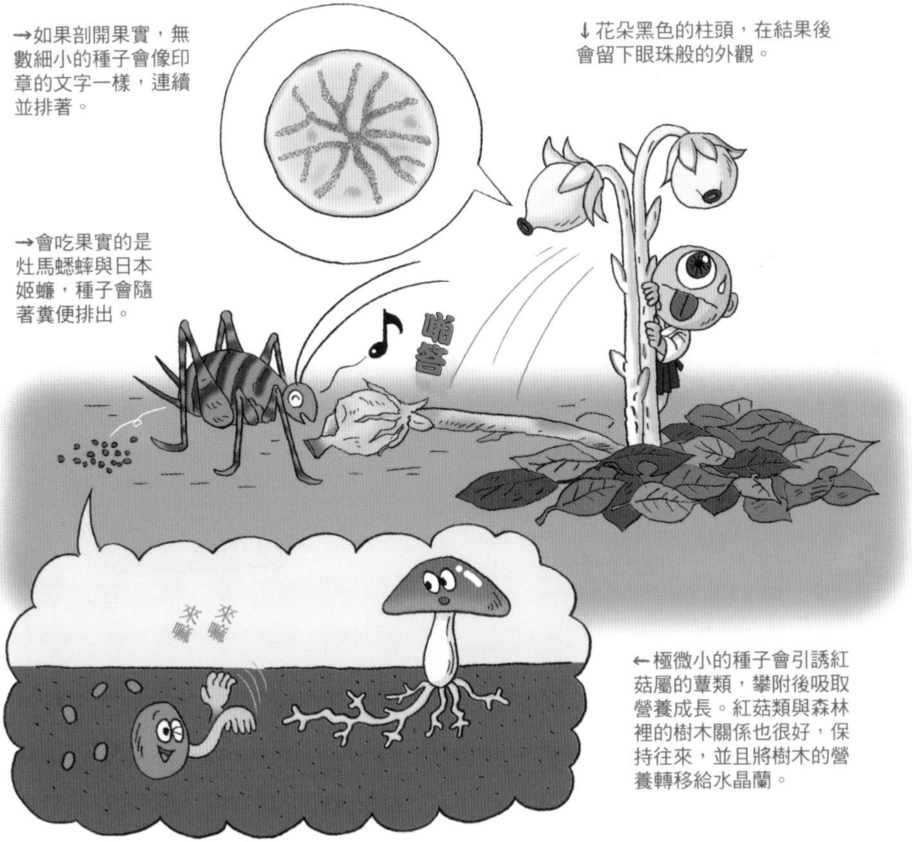
→如果剖開果實，無數細小的種子會像印章的文字一樣，連續並排著。
↓花朵黑色的柱頭，在結果後會留下眼珠般的外觀。
→會吃果實的是灶馬蟋蟀與日本姬蠊，種子會隨著糞便排出。
啪答
來嘛 來嘛
←極微小的種子會引誘紅菇屬的蕈類，攀附後吸取營養成長。紅菇類與森林裡的樹木關係也很好，保持往來，並且將樹木的營養轉移給水晶蘭。

在幽暗的森林地面，有著全株純白、不可思議的東西佇立著。那是香菇？還是森林的精靈？

水晶蘭是種不可思議的植物，沒有葉綠素，無法進行光合作用，寄生在蕈類上，從真菌奪取養分生存，在地下有根塊與地下莖。初夏時為了繁殖，會在地面上開花。

花朵透過熊蜂授粉結實，在夏季成熟。果實是白色的，大約是直徑一公分左右的球形朝上，中心有黑色的圓球，是柱頭留下的痕跡。

咦？這好像曾經在哪裡看過。啊，是眼球！

在果實白色多汁的果肉間，有許多細長狀的細微種子。它是昆蟲被食散佈種子中相當罕見的類型，由灶馬蟋蟀與日本姬蠊吃了果實後散佈種子。

專欄十五——

是誰吃掉了？

山皂莢巨大果實之謎

在有刺的枝垂吊著山皂莢的果實。可食用的季節是九月中下旬，帶有微微的甜味。

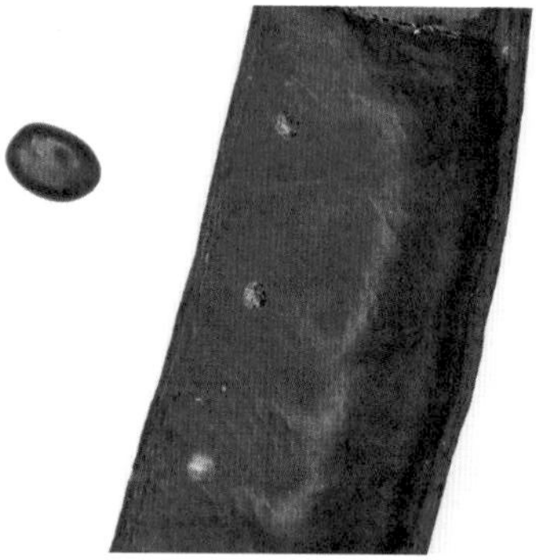

山皂莢的種子與遭到象鼻蟲啃咬的痕跡。

在村落附近的水邊，偶而會看到大株的山皂莢。那是在樹幹與樹枝上長著大刺的豆科樹木。在秋季時，長達二十五公尺，平坦蜿蜒的果實垂吊在枝頭。這種果實含有發泡成分皂素，過去的人會浸在水中用來洗滌。有山皂莢生長的水邊，過去是人們的公共洗濯場吧。

山皂莢的果實成熟後不會裂開，沒有鮮豔的顏色，不會隨風飄飛，也不會隨波逐流，大部分會直接腐朽。山皂莢的種子又小又硬，果實大部分是果肉。透過這樣的特徵，說明它的果實屬於被食散佈型。事實上柔軟的果肉在發生褐變前，口感都帶有甘甜的味道。現在沒有動物吃這種果實，但是過去一定有。我猜應該是象的親戚，大約在二萬年前，正好是日本納瑪象存在的時期。

在非洲有巨大的豆科植物果實，大象吃了以後會排泄出種子。這種植物跟山皂莢很像，樹枝上有巨大的刺，種子雖小果實卻很大。另外

無患子的枝頭。儘管結實纍纍，在自然界有誰會利用呢……？

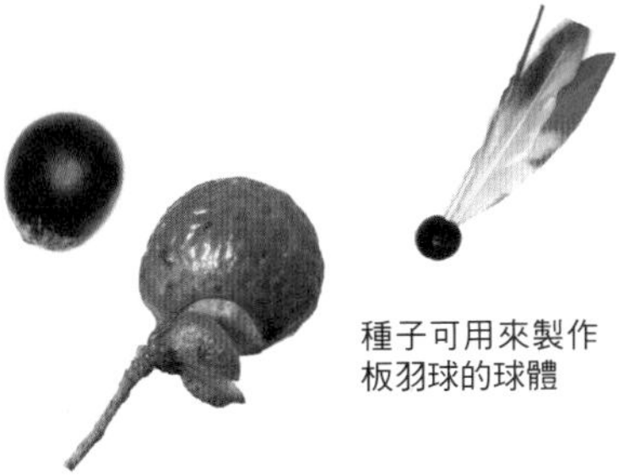

種子可用來製作板羽球的球體

無患子的果實與種子。果皮含有皂素，過去用來洗濯。

來自中國的蠟梅果實也很不可思議。在初夏成熟後，鳥與動物都不會吃。

雲實的花與果實。秋季成熟的果實，會在枝頭上殘留到春天，最後腐朽。

還有一個耐人尋味的共通點，就是它們都受到特殊的象鼻蟲侵害。在非洲，象吃了果實以後，強酸性的胃液會消滅象鼻蟲的卵及幼蟲，從糞便排出的種子因為附帶肥料，所以會長得很好。不過據說如果象沒吃，果實裡的種子會被象鼻蟲侵吞。

象在日本絕跡後，山皂莢透過人類的協助在水邊繼續存活。不過目前在山野看不到新生的樹。在山皂莢失去洗濯用途的今日，殘存的大樹又遭到砍伐，它恐怕也面臨消失的命運吧。

同屬於豆科的雲實，果實也有十公分長，會掛在枝頭直到腐爛，跟山皂莢一樣樹枝上有刺。它很有可能原本藉由象散佈。還有種子可以製作板羽球球體的無患子，在含有皂素、不起眼而厚的果皮裡，含有堅硬的種子，由於果實成熟後不會裂開，過去雖然藉由哺乳類動物進行被食散佈，但現在已經沒有適合幫忙運送種子的動物。

結語

本書所收錄的果實與種子，平常就可以在庭園、路邊、公園、風景名勝等地發現蹤影。當你看到時，請試著停下腳步，伸手體驗它們所下的工夫與蘊含的智慧。

在種子完成旅行後，也請好好呵護長成的植物。在本書中無法詳細提及的根、莖、葉、花等部位，也蘊含著許多巧思與智慧。如果各位看到順利培育出的花、果實、種子，一定會覺得很開心！

最後要感謝插畫家柴垣茂之先生，不僅捕捉了種子與植物的特徵，更畫出充分展現種子個性的插圖。承蒙花卉生態學者田中肇先生為本書提供部分照片，以及編輯山田智子小姐、安延尚文先生、美術設計工藤亞矢子小姐、伊藤悠小姐、誠文堂新光社的根岸秀諸位費心協助。在此向各位獻上深深的謝意。

二〇一七年七月　多田多惠子

參考文獻

《種子們的智慧》多田多惠子／NHK出版

《里山的花木手冊》多田多惠子／NHK出版

《生活周遭的草木果實與種子手冊》多田多惠子／文一綜合出版

《等比例的樂趣——身邊的樹木果實、種子圖鑑與採集指南》多田多惠子／實業之日本社

《植物的生態圖鑑——不可思議的大自然》多田多惠子・田中肇／學研

《小學館的圖鑑NEO花》多田多惠子／小學館

《種子會滾》中西弘樹／平凡社

《花、鳥、蟲的阻礙進化論》上田惠介／築地書館

《種子的散佈——互助的進化論①鳥類散播的種子》上田惠介／築地書館

《種子的散佈——互助的進化論②動物創造的森林》上田惠介／築地書館

《種子從哪裡來？》鷲谷合泉・埴沙萌／山與溪谷社

《野外開的花　增補修訂版》平野隆久・畔上能力・林彌榮・門田裕一／山與溪谷社

《山上開的花　增補修訂版》門田裕一・永田芳男・畔上能力／山與溪谷社

《從照片看植物用語》岩瀨徹・大野啟一／全國農村教育協會

《從花到種子》小林正明／全國農村教育協會

《種子的設計——旅行的形式》岡本素治／INAX出版

《種子的圖鑑——飛翔、彈跳、附著》古矢一穗・高森登志夫／福音館書店

《圖說・植物用語事典》清水建美／八坂書房

植物專有名詞出處

台灣植物資訊整合查詢系統 http://tai2.ntu.edu.tw/

國家教育研究院學術詞彙網 http://terms.naer.edu.tw/

對外貿易植物檢疫資料庫查詢系統 https://export.baphiq.gov.tw/coa/fullsearch_idx.php

台灣生物多樣性資訊入口網 http://taibif.tw/zh

The Plant List http://www.theplantlist.org/

Flora of China@efloras.org http://www.efloras.org/flora_page.aspx?flora_id=2

Tropicos http://www.tropicos.org/Home.aspx (美國密蘇里植物園的全球學名資料庫)

特別感謝　陳建文老師協助審閱本書專有名詞

種子圖鑑

天上飛、河裡游、偽裝欺敵搞心機……讓你意想不到的種子變身小劇場

作者　多田多惠子
翻譯　嚴可婷
封面設計　巫麗雪
內頁排版　黃雅藍、蘇盈臻
執行編輯　吳佩芬
行銷企劃　劉育秀
行銷統籌　駱漢琦
業務發行　邱紹溢
業務統籌　郭其彬
副總編輯　蔣慧仙
總編輯　李亞南
發行人　蘇拾平
出版　果力文化／漫遊者文化事業股份有限公司
地址　台北市松山區復興北路三三一號四樓
電話　(02) 2715-2022
傳真　(02) 2715-2021
服務信箱　service@azothbooks.com
臉書　www.facebook.com/azothbooks.read
營運統籌　大雁文化事業股份有限公司
地址　台北市105松山區復興北路333號11樓之4
劃撥帳號　50022001
戶名　漫遊者文化事業股份有限公司
設計　工藤亞矢子 (OKAPPA DESIGN)
插畫　柴垣茂之 (MARUTAMA STUDIO)
編輯協力　山田智子、安延尚文、宮本いくこ
寫真協力　田中肇

初版一刷　2018年8月
初版5刷 (1)　2021年2月
定價　台幣380元
ISBN　978-986-95171-8-8

國家圖書館出版品預行編目 (CIP) 資料

種子圖鑑/ 多田多惠子作 ; 嚴可婷譯. -- 初版.
-- 臺北市 : 果力文化, 漫遊者出版 : 大雁文化發行,
2018.08
224 面 ; 15×21　公分
譯自 : 実とタネキャラクター図鑑 : 個性派植物たちの知恵と工夫がよくわかる
ISBN 978-986-95171-8-8(平裝)
1. 種子 2. 通俗作品
371.75　　107012653